普通高等教育计算机系列教材

人工智能与计算机应用实践教程

李永胜　谢　晴　主　编
葛丽娜　黄银娟　副主编

電子工業出版社
Publishing House of Electronics Industry
北京•BEIJING

内容简介

本书是与《人工智能与计算机应用》配套使用的线下学习实践教材，是编者多年教学实践经验的总结。全书分为两部分：第 1 部分是实验指导，第 2 部分是习题集。本书为各实验任务配备了详细的操作要点及图例说明，且部分实验提供二维码，供学生观看学习。学生通过上机可以达到边学习、边实践的目的。大部分实验的最后阶段提供了自我训练，帮助学生复习和检验所学知识，提高学生的实际操作能力，掌握基本技能。

本书面向应用、重视操作能力和综合应用能力的培养，可作为高校各专业人工智能基础和计算机基础课程的教材，也可作为各级计算机基础知识的培训教材和参考用书。

图书在版编目（CIP）数据

人工智能与计算机应用实践教程 / 李永胜，谢晴主编 . —北京：电子工业出版社，2023.8

普通高等教育计算机系列教材

ISBN 978-7-121-46120-0

Ⅰ . ①人… Ⅱ . ①李… ②谢… Ⅲ . ①人工智能－高等学校－教材②计算机应用－高等学校－教材 Ⅳ . ① TP18 ② TP39

中国国家版本馆 CIP 数据核字（2023）第 152579 号

责任编辑：杨永毅
印　　刷：北京雁林吉兆印刷有限公司
装　　订：北京雁林吉兆印刷有限公司
出版发行：电子工业出版社
　　　　　北京市海淀区万寿路 173 信箱　　邮编：100036
开　　本：787×1 092　1/16　印张：9　字数：237 千字
版　　次：2023 年 8 月第 1 版
印　　次：2023 年 8 月第 1 次印刷
印　　数：6000 册　定价：38.00 元

凡所购买电子工业出版社图书有缺损问题，请向购买书店调换。若书店售缺，请与本社发行部联系，联系及邮购电话：（010）88254888，88258888。

质量投诉请发邮件至 zlts@phei.com.cn，盗版侵权举报请发邮件至 dbqq@phei.com.cn。

本书咨询联系方式：（010）88254570，xujj@phei.com.cn。

前　言

本书深入学习贯彻党的二十大精神，深入实施科教兴国战略、人才强国战略、创新驱动发展战略。本书的实验主要围绕信息技术领域的新技术、新产业展开，不仅能让学生学习新一代信息技术、人工智能技术，还能激发学生的爱国情怀，努力成为现代化建设人才。

线上以理论学习为主，线下培养实践能力，构建线上线下相互融合的教学体系是很多高校人工智能与计算机基础类课程教学改革的重要方向。线下实验环节实施的好坏会直接影响课程的教学质量，为此，我们编写了《人工智能与计算机应用实践教程》。本书可作为人工智能基础和计算机基础类课程的线下教材，与线上学习教材《人工智能与计算机应用（微课版）》配套使用，也可单独使用。

本书第 1 部分共 12 章，包括 21 个实验，实验内容与《人工智能与计算机应用（微课版）》中的教学目标相对应。学生通过上机实践可以将理论知识与操作技能有机结合，不仅能快速掌握操作技能，还加深了对理论知识的理解，从而达到巩固理论知识、强化操作技能的目的。每个实验大致包括以下 3 个方面。

- 实验目的：概括章节知识点。
- 实验内容：精选章节知识点设置任务，突出教学重点和难点；以操作要点的形式，给出详细的操作步骤，并配有图例说明，指导学生独立完成。部分实验提供二维码，供学生观看学习。
- 自我训练：复习和巩固实验内容，自我训练提供任务，检验学生的实际操作能力。

实验内容中给出了详细的操作步骤，可以满足初学者的需求，但这些步骤仅供参考，学生不要受其束缚，完成上机实验的方法有很多，关键是要抓住重点、拓展思路，提高分析问题、解决问题的能力。

我们在大部分章节后及第 2 部分习题集中配备了大量习题，基本覆盖了计算机基础、Python 程序设计和人工智能基础的主要知识点，帮助学生加深对理论知识的理解，强化操作技能。教师可以选择其中一部分作为课外练习，或者作为全国计算机等级考试（NCRE）的考前练习。附录 A 提供了 5 套全国计算机等级考试（一级）模拟训练题；附录 B 提供了第 2 部分习题集的参考答案。

本书由李永胜、谢晴担任主编，负责全书的总体策划与统稿工作；由葛丽娜、黄银娟担任副主编；参与本书编写和审校工作的还有贺忠华、韦修喜等。第 1、2 章和习题 1、2 由贺忠华编写；第 3、4 章由李永胜和贺忠华编写；第 5 章和习题 3 由韦修喜与黄银娟编写；第 6 章和习题 5 由谢晴编写；第 7 章由韦修喜编写；第 8 章由李永胜和黄银娟编写；第 9 章由谢晴编写；第 10 章和习题 4 由李永胜与葛丽娜编写；第 11、12 章由韦修喜编写；附录 A 由李永胜和贺忠华编写；附录 B 由李永胜和葛丽娜编写。在本书的编写和出版过程中，得到了廖海红、吴淑青、李航、王捷和李昆霖等的大力支持和帮助，在此表示衷心的感谢！本书在编写过程中参阅了大量的教材和文献资料，在此向这些教材和文献资料的作者一并表示感谢！

教材建设是一项系统工程，需要在实践中不断完善及改进。由于时间仓促、编者水平有限，因此书中难免存在疏漏和不足之处，敬请专家和读者给予批评及指正。

编　者

目录
Contents

第 1 部分　实验指导

第 1 部分

实验指导

- Windows 10 操作系统实验
- Word 文字处理软件实验
- Excel 电子表格处理软件实验
- PowerPoint 演示文稿实验
- 网络与信息安全实验
- Python 开发环境和基础实验
- Python 程序控制结构实验
- Python 函数实验
- Python 模块、包和库的使用实验
- Python 数据文件处理实验
- Python 机器学习实验
- 人工智能技术应用实验

Windows 10 操作系统实验

本章的教学目标是使学生熟练掌握系统文件和磁盘管理的方法。本章的主要内容包括资源管理器的基本操作、文件和文件夹的常用操作方法，以及剪贴板、WinRAR 和任务管理器等常用工具的使用方法。

实验 系统文件和磁盘管理

一、实验目的

（1）掌握资源管理器的基本操作。
（2）掌握文件和文件夹的常用操作方法。
（3）熟悉剪贴板、WinRAR 和任务管理器等常用工具的使用方法。

二、实验内容

1. 资源管理器的基本操作

（1）将 C 盘的查看方式设置为“详细信息”。
操作要点：双击“此电脑”图标，打开资源管理器，双击“C:”图标。
方法 1：在“查看”选项卡的“布局”组中选择“详细信息”选项。
方法 2：右击右窗格空白处，在弹出的快捷菜单中选择“查看”→“详细信息”命令。
（2）将 Windows 主目录的排序方式设置为“类型”。
操作要点：打开 C 盘的 Windows 文件夹。

方法 1：在“查看”选项卡的“当前视图”组中单击“排序方式”按钮，在弹出的下拉菜单中选择“类型”命令。

方法 2：右击右窗格空白处，在弹出的快捷菜单中选择“排序方式”→“类型”命令。

（3）将前两题中设置好的查看方式和排序方式应用到所有的文件夹中。

操作要点：单击“查看”选项卡中的“选项”按钮，在弹出的“文件夹选项”对话框中切换到“查看”选项卡，单击“应用到文件夹”按钮。

（4）隐藏已知文件类型的扩展名，并观察设置前后文件名的变化。

操作要点：双击“此电脑”图标，打开资源管理器。

方法 1：在“查看”选项卡的“显示 / 隐藏”组中勾选“文件扩展名”复选框。

方法 2：单击“查看”选项卡中的“选项”按钮，在弹出的“文件夹选项”对话框中切换到“查看”选项卡，勾选“隐藏已知文件类型的扩展名”复选框。“文件夹选项”对话框的相关设置如图 1-1 所示。

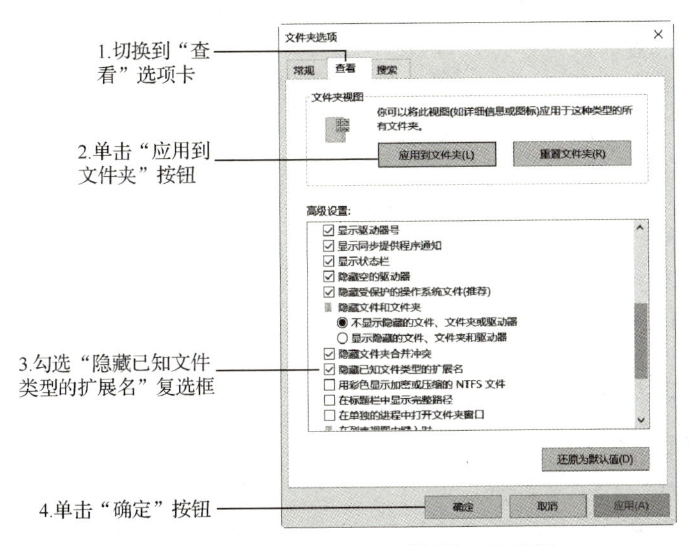

图 1-1 “文件夹选项”对话框的相关设置

2. 创建文件夹

在 D:\ 下创建一个文件夹，并命名为“TEST”。

操作要点：双击“此电脑”图标，打开资源管理器，双击“D:”图标。

方法 1：在“主页”选项卡的“新建”组中单击“新建文件夹”按钮，并输入文件夹名“TEST”。

方法 2：右击右窗格空白处，在弹出的快捷菜单中选择“新建”→“文件夹”命令，并输入文件夹名“TEST”。

3. 新建文件

在 TEST 文件夹中新建 t1.txt 和 t1.docx 文件。

操作要点：打开 TEST 文件夹，右击右窗格空白处，在弹出的快捷菜单中选择“新建”→“文本文档”命令，并输入文件名；选择“新建”→“Microsoft Word 文档”命令，并输入文件名。

4. 文件的复制与移动

（1）将 D:\ 上机 \WIN\HH 文件夹中的所有文件及文件夹复制到 TEST 文件夹中。

操作要点：打开 HH 文件夹，先在“主页”选项卡的“选择”组中单击“全部选择”按钮，然后在“主页”选项卡的“剪贴板”组中单击“复制”按钮，打开 TEST 文件夹，在“主页”选项卡的“剪贴板”组中单击“粘贴”按钮。

（2）将 D:\TEST\AA\A3.xlsx 文件移动到 TEST 文件夹中。

操作要点：打开 AA 文件夹，右击 A3.xlsx 文件，在弹出的快捷菜单中选择“剪切”命令，打开 TEST 文件夹，右击右窗格空白处，在弹出的快捷菜单中选择“粘贴”命令，单击“返回”按钮，查看 AA 文件夹中是否还存在 A3.xlsx 文件。

5. 文件的搜索

使用搜索功能查找 C 盘中的位图文件，要求文件大小为“小（16KB-1MB）”。观察除了文件大小，还可以设置哪些条件进行查找。

操作要点：打开 C 盘，先在窗口右上方的搜索框中输入“*.bmp”，按 Enter 键进行搜索，然后在“搜索”选项卡的“优化”组中单击“大小”按钮，在弹出的下拉菜单中选择“小（16KB-1MB）”命令。

6. 文件的重命名

将 TEST 文件夹中的 E1.rtf 文件重命名为“NEWE1.rtf”。

操作要点：右击 E1.rtf 文件，在弹出的快捷菜单中选择“重命名”命令，输入“NEWE1.rtf”。

7. 文件的删除与回收站的设置

（1）删除 TEST 文件夹中大小为 0 的文件。

操作要点：打开 TEST 文件夹，右击右窗格空白处，在弹出的快捷菜单中先选择“查看”→“详细信息”命令，再选择“排序方式”→“大小”命令，使大小为 0 的文件全部集中在相邻位置，框选所有大小为 0 的文件，在阴影处右击，在弹出的快捷菜单中选择“删除”命令，或者在框选文件后直接按 Delete 键。

（2）进入回收站，将扩展名为 .txt 的文件还原，并清空回收站。

操作要点：双击“回收站”图标，右击要恢复的文件，在弹出的快捷菜单中选择“还原”命令。右击“回收站”图标，在弹出的快捷菜单中选择“清空回收站”命令。

（3）永久删除 TEST 文件夹中的 D5.pptx 文件。

操作要点：在删除文件的同时按住 Shift 键，文件将被直接删除而不会进入回收站。

（4）查看回收站的属性。

操作要点：右击“回收站”图标，在弹出的快捷菜单中选择“属性”命令。

8. 文件属性的设置

（1）将 TEST 文件夹中的 C1.txt 文件设置为“只读”。

操作要点：右击 C1.txt 文件，在弹出的快捷菜单中选择“属性”命令，在弹出的对话框的“常规”选项卡中勾选“只读”复选框，单击“确定”按钮。

（2）将 TEST 文件夹中的 H1.txt 文件设置为“隐藏”。

操作要点：右击H1.txt文件，在弹出的快捷菜单中选择“属性”命令，在弹出的对话框的“常规”选项卡中勾选“隐藏”复选框，单击“确定”按钮。需要注意的是，只有在如图 1-1 所示的“文件夹选项”对话框中选中“不显示隐藏的文件、文件夹或驱动器”单选按钮才能做到真正的文件隐藏，否则文件只是以灰色状态显示。

9. 文件（夹）的压缩和解压缩

（1）将 TEST 文件夹（不包括子文件夹）中所有扩展名为 .txt 的文件压缩为 tx1.rar 文件，压缩密码为 123456。

操作要点：打开 TEST 文件夹，框选所有扩展名为 .txt 的文件，并在阴影处右击，在弹出的快捷菜单中选择“添加到压缩文件 (A)”命令，在弹出的对话框中设置压缩文件名为“tx1.rar”，压缩文件格式为“RAR”，密码为“123456”，其他选项采用默认设置，单击“确定”按钮。

（2）将 D:\TEST\AA\ktx.rar 文件解压缩到 TEST 文件夹中。

操作要点：右击 ktx.rar 文件，在弹出的快捷菜单中选择“解压文件 (A)”命令，在弹出的对话框中输入目标路径，或者在对话框右侧选择目标路径为 D:\TEST，其他选项采用默认设置，单击“确定”按钮。

10. 任务管理器的使用

（1）打开并观察“任务管理器”窗口。

操作要点：右击任务栏空白处，在弹出的快捷菜单中选择“任务管理器”命令。

（2）启动“画图”程序，查看“画图”程序的进程名称。

操作要点：启动“画图”程序和任务管理器，在“任务管理器”窗口的“进程”选项卡的应用列表中找到“画图”程序并右击，在弹出的快捷菜单中选择“转到详细信息”命令，可以查看“画图”程序的进程名称。

（3）终止“画图”程序的运行。

操作要点：切换到“进程”选项卡，选中“画图”程序，单击“结束任务”按钮。

三、自我训练

（1）在 D:\ 下新建一个 T 文件夹，并将 D:\ 上机 \WIN\KK 文件夹中的所有文件及文件夹复制到 T 文件夹中。

（2）在 T 文件夹中新建一个 FF 文件夹，并将 T 文件夹中扩展名为 .doc、.ppt、.xls 和 .mdb 的文件复制到 FF 文件夹中。

（3）将 T 文件夹的 images 文件夹中的所有文件命名为 cc(1)、cc(2)、…、cc(5)。

（4）将 T 文件夹中的 images 文件夹进行压缩，并设置压缩文件名为“images.rar”，密码为“123”。

（5）打开任务管理器，整理自启动程序。

（6）对 D 盘进行碎片整理和磁盘清理。

Word 文字处理软件实验

本章的教学目标是使学生熟练掌握文字处理的基本方法，并能综合运用 Word 文字处理软件解决实际问题。本章的主要内容包括文档的基本操作和排版、表格与图文混排、Word 进阶应用等。

实验 1　文档的基本操作和排版

一、实验目的

（1）掌握文档的创建、保存、打开与另存为方法。

（2）掌握文档的基本编辑方法，包括文本的选择、增加、删除、修改、复制、移动、撤销和恢复等。

（3）掌握文档格式、字体格式、段落格式及项目符号的设置方法。

（4）掌握文本的替换与校对方法。

（5）掌握页面的排版方法。

二、实验内容

本实验将对一篇文档“云计算”进行编辑与排版，完成后的样张首页如图 2-1 所示。

jì suàn
云计算

云计算（Cloud Computing）作为一种全新的共享基础架构的方法，它既是计算机科学和互联网技术发展的产物，也是引领未来信息产业创新的关键战略性技术和手段。

云计算是分布式处理（Distributed Comupting）、并行处理（Parallel Computing）和网格计算（Grid Computin）的发展，或者说是这些计算机科学概念的商业实现。

目前较成熟的 3G 教学资源建设模式有三种，对应相应的学习模式：

- 基于短信网关的模式。
- 基于移动网站的 WAP 模式。
- 基于不同移动操作系统的系统平台模式。

根据不同的世界著名 IT 企业事实上开发和运行的云计算服务，基本可分为三种云计算类型：

1、IaaS（基础设施即服务 Infrastructure as a Service）。提供网格或集群形式的虚拟化服务器、网络、存储和系统软件，旨在补充或更换整个数据中心的功能。

2、PaaS（平台即服务 Platform as a Service）。提供虚拟化服务器，用户可以在虚拟化服务器上运行现有的应用程序，或者开发新的应用程序。

3、SaaS（软件即服务 Software as a Service）。SaaS 提供了复杂的传统应用程序的所有功能，但是通过 Web 浏览器而不是安装在本地的应用程序来提供。

图 2-1　样张首页

1. 文档的创建、保存、打开与另存为

启动 Word 2016，打开 D:\ 上机 \word\W2-1.docx 文档，将该文档以名称“NewW2-1.docx”保存到自己的文件夹中，并将打开及修改该文档的密码设置为 abc。

操作要点：

① 启动 Word 2016，选择“文件”→“打开”命令，打开 D:\ 上机 \word\W2-1.docx 文档。

② 选择“文件”→“另存为”命令，在弹出的“另存为”对话框中设置文件名为“NewW2-1.docx”，单击对话框底部的“工具”按钮 工具(L) ▾，在弹出的下拉菜单中选择“常规选项”命令，在弹出的“常规选项”对话框中输入打开及修改该文档的密码，单击“确定”按钮。

2. 文档的基本编辑

（1）为文档添加标题“云计算”，应用“标题 1”样式，并居中。

操作要点：

① 在文档开头按 Enter 键添加空行，将光标定位至该行，并输入标题“云计算”。

② 将光标定位至标题处，在“开始”选项卡的“样式”组中选择“标题 1”选项，单击“段落”组中的“居中”按钮 ≡ 使标题居中。

（2）将文中最后一段按序号分为 3 个自然段。

操作要点：将光标定位到序号前，按 Enter 键即可。

（3）文本选择：练习文本选择的 3 种方法，选择文中最后一段。

操作要点：

① 先在最后一段的第一个字前单击，按住 Shift 键，再在该段的末尾处单击即可。

② 将鼠标移动到最后一段第一行行首的行选择区（最左边），按住鼠标左键向下拖动至最后一行即可。

③ 直接从最后一段的第一个字拖动到最后一个字即可。

（4）将文中最后两段互换位置，并练习使用“撤销”和“恢复”命令。

操作要点：选择最后一段，在阴影处右击，在弹出的快捷菜单中选择“剪切”命令；将光标定位至倒数第二段段首并右击，在弹出的快捷菜单中选择“粘贴”命令。撤销操作可通过单击快速访问工具栏中的按钮完成，恢复操作可通过单击快速访问工具栏中的按钮完成。

（5）删除红色段落。

操作要点：选择红色段落后按 Delete 键、Backspace 键或空格键均可。

（6）将正文第一、二段合并为一个段落。

操作要点：将光标定位在第一段末尾，按 Delete 键删除段落标记。

3. 格式设置

（1）设置文档格式：选择“文件”→“另存为”命令，在弹出的“另存为”对话框的“保存类型”下拉列表中查看 Word 可以选择的其他文档格式，关闭对话框。

（2）设置字体格式：设置正文第一段为黑体、小四号、蓝色，字符间距为加宽 1 磅，并为标题中的“计算”两字加上拼音。

操作要点：

① 选择正文第一段，在“开始”选项卡的“字体”组中选择相应的格式宋体 (中文正 - 五号 进行设置，或者在“开始”选项卡的“字体”组中单击右侧的按钮，弹出“字体”对话框，选择“字体”选项卡，进行相关设置。

② 在“字体”对话框中，切换到“高级”选项卡，在“间距”下拉列表中选择“加宽”选项，在右边的“磅值”数值框中输入“1”，单击“确定”按钮。

③ 选择标题中的“计算”两字，在“开始”选项卡的“字体”组中单击“拼音指南”按钮，在弹出的对话框中进行设置即可。

（3）设置段落格式：设置正文各段落首行缩进 2 字符，段后 0.5 行，行距为最小值 12 磅。

操作要点：选择标题行以外的所有内容，在“开始”选项卡的“段落”组中单击右侧的按钮，弹出“段落”对话框，切换到“缩进和间距”选项卡，在“缩进”选区的“特殊格式”下拉列表中选择“首行缩进”选项，并设置“缩进值”为“2 字符”；设置“间距”选区中的“段后”为“0.5 行”，“行距”为“最小值”，“设置值”为“12 磅”，单击“确定”按钮。

（4）设置边框和底纹：为文章标题添加 0.5 磅的蓝色阴影边框，并设置背景为黄色，图案样式为 10% 的橙色前景色。

操作要点：选择标题，在“开始”选项卡的“段落”组中单击“边框”右侧的下三角按钮，在弹出的下拉菜单中选择“边框和底纹”命令，弹出“边框和底纹”对话框，在“边框”选项卡中设置下框线，并应用于文字；切换到“底纹”选项卡，设置填充颜色为黄色，图案样式为 10%，图案颜色为橙色，并应用于文字，单击“确定”按钮。

（5）设置项目符号和编号：将原有的①～③序号改为项目符号 🕮。

操作要点：选择有序号的 3 个自然段，在“开始”选项卡的“段落”组中单击“项目符号”右侧的下三角按钮，在弹出的下拉菜单中选择“定义新项目符号”命令，在弹出的对话框中单击“符号”按钮，在弹出的“符号”对话框中选择“字体”为“Wingdings”，选择第 1 行第 7 个符号，单击“确定”按钮。

4. 文本替换与校对

（1）将文中所有的“云算”改为“云计算”。

操作要点：在“开始”选项卡的“编辑”组中单击“替换”按钮，在弹出的“查找和替换”对话框的“查找内容”文本框中输入“云算”，在“替换为”文本框中输入“云计算”，单击“全部替换”按钮。

（2）将文中所有的字母更改为红色字母并加着重号。

操作要点：在“查找和替换”对话框中删除上题输入的内容后，按照如图 2-2 所示的步骤进行操作。

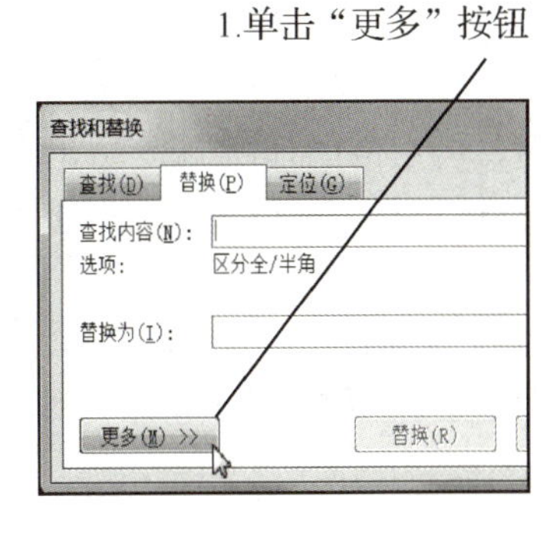

5.单击“格式”按钮，在弹出的下拉列表中选择“字体”选项

3.单击“特殊格式”按钮，在弹出的下拉列表中选择“任意字母”选项

6.单击“全部替换”按钮

图 2-2 “查找和替换”对话框中的操作步骤

（3）检查文中是否有拼写错误，若有，则将其改正。

操作要点：在“审阅”选项卡的“校对”组中单击“拼写和语法”按钮，若不采纳系统给出的建议，则单击“忽略一次”按钮，否则单击“更改”按钮，或者直接手动编辑错误，直至检查完毕。

5. 页面排版

（1）分页：在文章末尾新建一页。

操作要点：在文章末尾另起一行，在“插入”选项卡的“页面”组中单击“分页”按钮。

（2）合并文件：在第 2 页插入“D:\ 上机 \word\W2-1A.docx”文件。

操作要点：在“插入”选项卡的“文本”组中单击“对象”右侧的下三角按钮，在弹出的下拉菜单中选择“文件中的文字”命令，在“插入文件”对话框中进行相关设置。

（3）将插入的内容分为等宽的两栏，并添加分隔线。

操作要点：选择新插入的内容（最后一行空行不选），在“页面布局”选项卡的“页面设置”组中单击“分栏”按钮，在弹出的下拉菜单中选择“更多分栏”命令，在弹出的对话框中进行相关设置。

（4）设置页眉和页脚：在第 1 页的页眉处输入文本“云计算简介”，在第 2 页的页眉处输入文本“云计算应用”；在页脚处插入“普通数字 2”形式的页码，观察页眉和页脚在文中的位置。

操作要点：

① 双击第 1 页的页眉位置，进入页眉编辑模式，输入文本“云计算简介”；定位第 2 页的页眉，先在“页眉和页脚工具 / 设计”选项卡的“导航”组中单击“链接到前一条页眉”按钮，确认“链接到前一条页眉”按钮被取消（变灰色），再输入文本“云计算应用”。

② 在“页眉和页脚工具 / 设计”选项卡的“页眉和页脚”组中单击“页码”按钮，在弹出的下拉菜单中选择“页面底端”→“普通数字 2”命令。双击正文可退出页眉和页脚编辑模式，双击页眉和页脚，可再次对它们进行编辑。

（5）设置整篇文档的版面：设置页边距为上、下各 2.5 cm，左、右各 2 cm，纸张大小为 A4。

操作要点：先在“页面布局”选项卡的“页面设置”组中单击右侧的 按钮，弹出“页面设置”对话框，然后分别在“页边距”和“纸张”选项卡中进行设置，最后选择应用于“整篇文档”。

（6）通过打印预览将显示比例设置为 30%，保存文档，退出 Word。

操作要点：选择“文件”→“打印”命令，弹出“打印预览”对话框，使用显示比例调节工具 30% 进行相应设置。

三、自我训练

打开 D:\ 上机 \word\W2-1B.docx 文档，将该文档以名称“OldW2-1B.docx”另存到自己的文件夹中。重新打开 W2-1B.docx 文档，按要求完成下列操作。

（1）为文档添加标题“电脑病毒的预防”，并设置字体格式为华文彩云、小二号、加粗、居中。

（2）将正文各段落左、右均缩进 1 字符，正文行距为 2 倍行距。

（3）将正文第一段设置为首字下沉，下沉行数为 2，距正文 1 cm；为正文第二段添加波浪式的下画线，下画线颜色为绿色。

（4）在文章的末尾处插入当天日期，并设置日期为右对齐。在页眉处输入文本“病毒的防治”，并居中。在页脚处插入页码，页码样式为“加粗显示的数字 3”。

（5）将文档中的红色文字部分另起一页，并将第 2 页的纸张大小设置为 16 开，纸张方向为横向，保存文件，退出 Word。

实验 2　表格与图文混排

一、实验目的

（1）掌握表格的创建与修改。

（2）熟练掌握表格内容的输入及表格工具的使用（对齐方式、边框）。

（3）熟练掌握插入图片（来自文件的图片、联机图片、形状和艺术字）的方法。

（4）学习使用文本框和公式编辑器。

（5）熟练掌握编辑图片及通过图片版式设置进行图文混排的方法。

二、表格实验内容

新建一个文档，创建如图 2-3 所示的课程表，并以名称“W2-2.docx”保存到自己的文件夹中。

课程表

<table>
<tr><th colspan="2">时间</th><th>一</th><th>二</th><th>三</th><th>四</th><th>五</th></tr>
<tr><td rowspan="4">上午</td><td>1</td><td rowspan="2">英语</td><td rowspan="2">高数</td><td rowspan="2">马哲</td><td rowspan="2">物理</td><td rowspan="2">高数</td></tr>
<tr><td>2</td></tr>
<tr><td>3</td><td rowspan="2"></td><td rowspan="2"></td><td rowspan="2">英语</td><td rowspan="2">公体</td><td rowspan="2">计算机</td></tr>
<tr><td>4</td></tr>
<tr><td rowspan="4">下午</td><td>5</td><td rowspan="2">马哲</td><td rowspan="2">公体</td><td rowspan="2">计算机</td><td rowspan="2"></td><td rowspan="2">听力</td></tr>
<tr><td>6</td></tr>
<tr><td>7</td><td rowspan="2"></td><td rowspan="2"></td><td rowspan="2"></td><td rowspan="2"></td><td rowspan="2"></td></tr>
<tr><td>8</td></tr>
</table>

图 2-3　课程表

1. 创建表格

（1）创建一个 5 行 7 列的表格。

操作要点：可以使用以下 3 种方法创建表格。

① 在“插入”选项卡的“表格”组中单击“表格”按钮，在弹出的下拉菜单中选择“插

入表格”命令，在弹出的对话框中设置列数为 7，行数为 5。

② 在“插入”选项卡的“表格”组中单击“表格”按钮，在弹出的下拉菜单的表格网格中从左上角至右下角拖动，拖动出 5 行 7 列的表格后单击。

③ 在“插入”选项卡的“表格”组中单击“表格”按钮，在弹出的下拉菜单中选择“绘制表格”命令，此时在文中鼠标会变为一支笔，拖动这支笔得到 1 行 1 列的表格后，绘制其余的行和列即可。

（2）练习选择表格的一行、一列、一个单元格和整个表格，并在表格上方输入表名“课程表”，设置其格式为加粗、四号字、居中。

操作要点：

① 在“表格工具 / 布局”选项卡的“表”组中单击“选择”按钮，在弹出的下拉菜单中选择对应的命令。

② 分别在表格的行首、列头、单元格左侧和表格内移动鼠标，在鼠标指针变为↗、⬇、⬈、⊞形状时单击。

③ 拖动表格左上角的⊞图标，将整个表格下移一行，在表格上方输入“课程表”，并设置格式。

（3）创建如图 2-3 所示的无规律表格，使用合并、拆分等命令实现。

操作要点：

① 在 5 行 7 列的表格中，选择表格中第 1 列的第 2 行和第 3 行两个单元格，在“表格工具 / 布局”选项卡的“合并”组中单击“合并单元格”按钮。同样，将第 1 列的第 4 行和第 5 行合并，第 1 行的第 1 列和第 2 列合并。

② 单击表格第 2 列的第 2 行单元格，在“表格工具 / 布局”选项卡的“合并”组中单击“拆分单元格”按钮，在弹出的对话框中设置“列数”为 1、“行数”为 2，单击“确定”按钮。同样，依次拆分第 2 列的第 3 行、第 4 行、第 5 行。

（4）在表格中输入如图 2-3 所示的文本，并设置表格内容对齐方式为“水平居中”。

操作要点：输入所有文本后，单击表格左上角的⊞图标，选择整个表格，在“表格工具 / 布局”选项卡的“对齐方式”组中单击“水平居中”按钮（注释显示垂直与水平均居中），重新设置表头两行的左右对齐即可。

2. 表格格式化

（1）设置表格第 1 行的行高为 2 厘米，表格中所有文字的格式为宋体、小四号。

操作要点：将光标定位在第 1 行的任一单元格，在“表格工具 / 布局”选项卡的“单元格大小”组中设置“高度”为 2 厘米（改变度量单位的方法是直接输入新的单位，或者选择“文件”→“选项”→“高级”命令，在“显示”选区中进行设置）。

（2）将表格的外框线设置为 1.5 磅的绿色双线，内框线设置为 1.5 磅的蓝色单线，并为第 1 行添加浅绿色背景，图案样式为 10% 的底纹。

操作要点：

① 选择整个表格，在“表格工具 / 设计”选项卡的“边框”组中单击右侧的↘按钮，在弹出的对话框中选择“边框”选项卡，“设置”选择“自定义”，“样式”选择“双线”，“颜色”选择“绿色”，“宽度”选择“1.5 磅”，并在“预览”选区中单击上、下、左、右 4 条线或者对应的按钮，单击“确定”按钮。使用同样的方法设置内框线。

② 选择表格第 1 行，在“表格工具 / 设计”选项卡的“边框”组中单击右侧的↘按钮，在弹出的对话框中选择“底纹”选项卡，“填充”选择“浅绿色”，“图案样式”选择“10%”，单击“确定”按钮。

3. 将文本转换成表格及表格的编辑

（1）将 D:\ 上机 \word\W2-2A.docx 文件中的内容复制到当前文档的末尾处。

操作要点：

① 将光标定位到文末，另起一行。

② 在“插入”选项卡的“文本”组中单击“对象”右侧的下三角按钮，在弹出的下拉菜单中选择“文件中的文字”命令，在弹出的对话框中找到 W2-2A.docx 文件，单击“插入”按钮。

（2）将复制的文字内容（除标题）转换成表格，使用自动套用格式“网格表 1 浅色 - 着色 2”，先平均分布表格的各列，再设置每列宽度为 2 厘米，最后设置表名为“成绩表”，表名的字体格式为加粗、四号字、居中，并设置整个表格居中。

操作要点：

① 选择除标题的其余行，在“插入”选项卡的“表格”组中单击“表格”按钮，在弹出的下拉菜单中选择“文本转换成表格”命令，在弹出的对话框中进行相应设置。

② 将光标定位在此表格的任一单元格，在“表格工具 / 设计”选项卡的“表格样式”组中单击样式库右侧的下拉按钮，在弹出的下拉菜单中选择符合题目要求的样式名。

③ 选择整个表格，先在“表格工具 / 布局”选项卡的“单元格大小”组中单击“分布列”按钮，再设置宽度为 2 厘米，最后在“开始”选项卡的“段落”组中单击“居中”按钮☰。

（3）表格的编辑：将成绩表的最后一行删除，在“语文”列右侧插入一列，并依次输入“计算机、78、90、82”，设置完成后的成绩表如表 2-1 所示。

表 2-1　成绩表

单位：分

姓名	语文	计算机	数学	英语	政治
王飞	73	78	92	68.5	62
赵平	75	90	53	63	86
陈帅	69	82	79	75	77

操作要点：

① 将光标定位在最后一行的任一单元格，在“表格工具 / 布局”选项卡的“行和列”组中单击“删除”按钮，在弹出的下拉菜单中选择“删除行”命令（表格的列、单元格及整个表格的删除类似）。

② 单击“语文”单元格，在“表格工具 / 布局”选项卡的“行和列”组中单击“在右侧插入”按钮（表格的行、单元格的插入类似），依次输入内容即可。

三、图文混排实验内容

在 W2-2.docx 文档的末尾插入分页，复制 D:\ 上机 \word\W2-2B.docx 文件中的内容，并进行下列操作，完成后的样张如图 2-4 所示。

从"中国制造"走向"中国智造"：建设现代化产业体系，推进新型工业化，工业互联网产业规模破万亿元。

中国智造

"无人工厂"24小时不间断生产、"机器人同事"包揽重活累活、"透明化生产线"监测全流程作业数据，坐在办公室盯着大屏幕单击鼠标，便可指挥千里之外的工厂生产……越来越多的工业企业呈现如此场景，这是工业互联网赋能中国制造的缩影。

中国航展"四川智造"："翼龙-3"系统察打一体，洲际飞行，具有"远航程、重挂载、多用途"特点，其诞生标志着"翼龙"系列无人机谱系化发展取得重大新突破，除了可在中等对抗环境中独立遂行远域情报侦察监视、时敏目标打击、关键区域巡护，以及特种任务等，还能在大气探测、信息组网、应急救援等民生任务上发挥重要作用，全面满足军民市场、海内外客户的多元需求。"战鸿"应急指挥，平战兼备，以实战应用为导向，以精准救援为目标，填补了我国航空应急指挥飞机的空白。"方天戟"组合导航，掌控落点，能实现对无控火箭弹的飞行姿态控制和落点修正，进而大幅提高火箭弹的命中精度，适用于高效压制地面目标。与市场上的同型产品相比，其使用方便，组件代替原引信，火箭弹无须任何更改。

工业互联网：让工厂成为脑子聪明、眼疾手快的工程师。利用以5G为代表的新一代信息通信技术，构建与工业经济深度融合的新型基础设施、应用模式和工业生态。工业互联网产业链主要分为上中下游三个环节。产业链上游包括网络层和设备层。主要工作是解决当前工业生产设备种类繁多、通信协议不统一的现状，为平台提供工业数据连接、转换和数据预处理功能。如中国电信、中国移动、中国联通等三大通信运营商，正积极打造工业互联网的通信解决方案。中游包括平台层和软件层。主要是提供类似Windows的操作系统，如树根互联的根云平台、海尔的COSMOPlat、富士康的BEACON、航天科工的航天云网、中国移动的OneNET、阿里的ET工业大脑等，这些互联网企业为工业互联网提供基础平台支撑。下游主要为应用层。如三一重工、海尔电器等制造业企业，依托上述信息技术和系统解决方案用于一线生产。

$$E = \sqrt{\frac{X}{Y}} \times (1 + \sin X^2)$$

图 2-4　图文混排样张

1. 按照样张插入联机图片与来自文件的图片

（1）在正文第 2 段插入 D:\ 上机 \word\ 翼龙无人机 .jpg。

操作要点：在"插入"选项卡的"插图"组中单击"图片"按钮，在弹出的对话框中找到图片并插入。

（2）在正文中插入如图 2-4 所示的五角星联机图片。

操作要点：

① 在"插入"选项卡的"插图"组中单击"联机图片"按钮，弹出"插入图片"窗格。

② 先在"输入搜索词"文本框中输入"五角星"，并单击"搜索"按钮，然后在下方显示的图片中单击左上角方框进行勾选，最后单击"插入"按钮。

2. 设置图片格式，进行图文混排

（1）设置图片与联机图片的环绕方式均为四周型，并将图片置于底层。

操作要点：选择无人机图片，在“图片工具 / 格式”选项卡的“排列”组中单击“自动换行”按钮，在弹出的下拉菜单中选择“四周型环绕”命令；单击“排列”组中“下移一层”右侧的下三角按钮，在弹出的下拉菜单中选择“置于底层”命令。使用同样的方法设置五角星联机图片。

（2）设置无人机图片格式：设置样式为“金属框架”，缩放比例为 50%。

操作要点：选择无人机图片，在“图片工具 / 格式”选项卡的“图片样式”组中单击样式库右侧的下拉按钮，在弹出的下拉菜单中选择“金属框架”样式，单击“大小”组右侧的 按钮，弹出“布局”对话框，将“大小”选项卡“缩放”选区中的“高度”和“宽度”均设置为 50%。

（3）设置五角星图片格式：删除背景，将高和宽均设置为 1 厘米，并按样张调整位置。

操作要点：选择五角星图片，在“图片工具 / 格式”选项卡的“调整”组中单击“删除背景”按钮，在“背景消除”选项卡的“关闭”组中单击“保留更改”按钮；单击“大小”组右侧的 按钮，在弹出的“布局”对话框中，取消勾选“锁定纵横比”复选框，然后输入相应的高度与宽度，最后拖动五角星到无人机图片的合适位置。

3. 插入文本框与形状（自选图形）

（1）在正文中插入文本框，并在文本框中输入文字“翼龙-3”，设置字体格式为蓝色、居中，设置文本框的“形状填充”为“无填充颜色”，“形状轮廓”为“无轮廓”，并按样张调整文本框的位置。

操作要点：在“插入”选项卡的“文本”组中单击“文本框”按钮，在弹出的下拉菜单中选择“绘制文本框”命令，在文中拖动即可绘制文本框，绘制完成后输入文字，在“绘图工具 / 格式”选项卡的“形状样式”组中设置“形状填充”为“无填充颜色”，“形状轮廓”为“无轮廓”。

（2）在无人机图片中绘制一个心形，设置高和宽均为 0.5 厘米，“形状填充”和“形状轮廓”均为“红色”。

操作要点：在“插入”选项卡的“插图”组中单击“形状”按钮，在弹出的下拉菜单中选择心形后拖动调整位置和大小，并使用上述方法完成其他设置。

4. 插入艺术字

将标题“中国智造”设置为艺术字，样式为艺术字样式库中的第 2 行第 3 列，并设置字体为隶书，位置为“顶端居中，四周型文字环绕”。

操作要点：

① 选择标题文字，先在“开始”选项卡的“字体”组中单击“清除所有格式”按钮 ，然后在“插入”选项卡的“文本”组中单击“艺术字”按钮，在弹出的下拉菜单中选择第 2 行第 3 列的艺术字样式。

② 在“绘图工具 / 格式”选项卡的“排列”组中单击“位置”按钮，在弹出的下拉菜单中选择“顶端居中，四周型文字环绕”命令。

5. 在文档末尾处输入如图 2-5 所示的公式

操作要点：将光标移动到文档末尾，在“插入”选项卡的“符号”组中单击“公式”下方的下三角按钮，在弹出的下拉菜单中选择“插入新公式”命令，使用键盘和“公式工具/设计”选项卡中的各个按钮输入相应公式。

$$E=\sqrt{\frac{X}{Y}}\times\left(1+\sin X^2\right)$$

图 2-5　公式

6. 设置页面背景色为“雨后初晴”的预设渐变效果

操作要点：在“设计”选项卡的“页面背景”组中单击“页面颜色”按钮，在弹出的下拉菜单中选择“填充效果”命令，在弹出的“填充效果”对话框中选择“渐变”选项卡，在“颜色”选区中选中“预设”单选按钮，并设置“预设颜色”为“雨后初晴”，单击“确定”按钮。

操作完成后，在“开始”选项卡的“编辑”组中单击“选择”按钮，在弹出的下拉菜单中选择“选择窗格”命令，可以在“选择”窗格中查看加入的所有形状和顺序（5 个对象）。组合图形可方便移动多个对象，按住 Shift 键依次单击要组合的各个图形，右击选中的图形，在弹出的快捷菜单中选择“组合”→“组合”命令，组合后可以在“选择”窗格中查看到上层对象是组合而不是原来的图形，使用相同的方法可以取消组合。

四、自我训练

1. 表格

打开 D:\ 上机 \word\W2-2C.docx 文档，将其以名称“NewW2-2C.docx”另存到自己的文件夹中，并按以下要求对销售表进行设置，完成后的结果如表 2-2 所示。

表 2-2　销售表

台式机销售表（台）				
品牌	第一季度	第二季度	第三季度	第四季度
联想	400	200	300	500
惠普	500	400	500	300
苹果	600	100	400	200
戴尔	300	200	500	700
总计	1800	900	1700	1700

（1）设置表格第 1 行行高为 30 磅，其余各行行高为 20 磅。

（2）将最后一行拆分为 5 列，平均分布表格的各列，并合并表格第 1 行。

（3）表格使用自动套用格式“网格表 1 浅色 - 着色 1”，将表格中的所有文字设置为楷体、四号，并设置表格居中，所有单元格的对齐方式为“水平居中”。

（4）合计各季度的销售量，并填入表格的总计行中。

2. 图文混排

打开 D:\ 上机 \word\W2-2D.docx 文档，将其以名称“NewW2-2D.docx”另存到自己的文

件夹中，并进行下列操作，完成后的样张如图 2-6 所示。

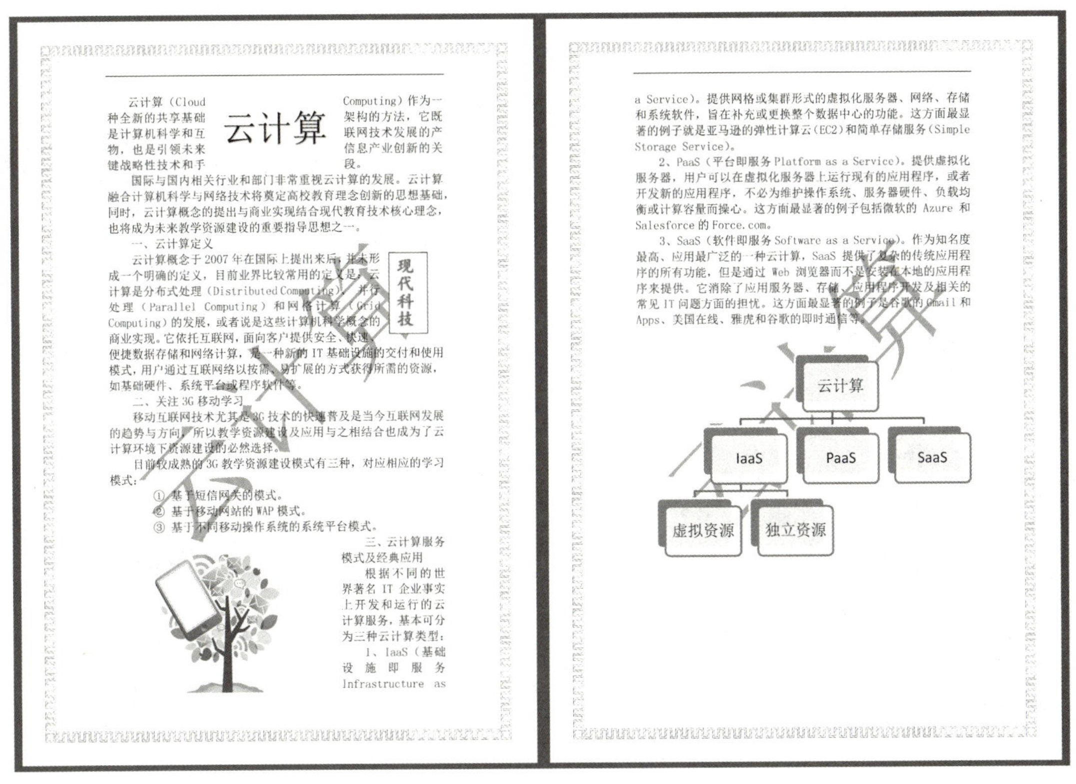

云计算

云计算（Cloud Computing）作为一种全新的共享基础架构的方法，它既是计算机科学和互联网技术发展的产物，也是引领未来信息产业创新的关键战略性技术和手段。

国际与国内相关行业和部门非常重视云计算的发展。云计算融合计算机科学与网络技术将奠定高校教育理念创新的思想基础，同时，云计算概念的提出与商业实现结合现代教育技术核心理念，也将成为未来教学资源建设的重要指导思想之一。

一、云计算定义

云计算概念于 2007 年在国际上提出来后，并未形成一个明确的定义，目前业界比较常用的定义是：云计算是分布式处理（Distributed Computing）、并行处理（Parallel Computing）和网格计算（Grid Computing）的发展，或者说是这些计算机科学概念的商业实现。它依托互联网，面向客户提供安全、快速、便捷数据存储和网络计算，是一种新的 IT 基础设施的交付和使用模式，用户通过互联网络以按需、易扩展的方式获得所需的资源，如基础硬件、系统平台或程序软件等。

现代科技

二、关注 3G 移动学习

移动互联网技术尤其是 3G 技术的快速普及是当今互联网发展的趋势与方向，所以教学资源建设及应用与之相结合也成为了云计算环境下资源建设的必然选择。

目前较成熟的 3G 教学资源建设模式有三种，对应相应的学习模式：

① 基于短信网关的模式。
② 基于移动网站的 WAP 模式。
③ 基于不同移动操作系统的系统平台模式。

三、云计算服务模式及经典应用

根据不同的世界著名 IT 企业事实上开发和运行的云计算服务，基本可分为三种云计算类型：

1、IaaS（基础设施即服务 Infrastructure as a Service）。提供网格或集群形式的虚拟化服务器、网络、存储和系统软件，旨在补充或更换整个数据中心的功能。这方面最显著的例子就是亚马逊的弹性计算云（EC2）和简单存储服务（Simple Storage Service）。

2、PaaS（平台即服务 Platform as a Service）。提供虚拟化服务器，用户可以在虚拟化服务器上运行现有的应用程序，或者开发新的应用程序，不必为维护操作系统、服务器硬件、负载均衡或计算容量而操心。这方面最显著的例子包括微软的 Azure 和 Salesforce 的 Force.com。

3、SaaS（软件即服务 Software as a Service）。作为知名度最高、应用最广泛的一种云计算，SaaS 提供了复杂的传统应用程序的所有功能，但是通过 Web 浏览器而不是安装在本地的应用程序来提供。它消除了应用服务器、存储、应用程序开发及相关的常见 IT 问题方面的担忧。这方面最显著的例子是谷歌的 Gmail 和 Apps、美国在线、雅虎和谷歌的即时通信等。

图 2-6 “云计算”图文混排样张

（1）将标题设置为艺术字，样式为艺术字样式库中的第 1 行第 1 列，并按样张调整艺术字的位置。

（2）在文档第 1 页插入 D:\ 上机 \word\ 云计算 .jpg，并垂直翻转图片，设置图片高度为 5 厘米，宽度为 8 厘米，图片位置为“底端居左，四周型文字环绕”。

（3）在文档中插入一个竖排文本框，输入文字“现代科技”，字体格式为小二号、楷体、蓝色、加粗；为文本框添加阴影：外部右下斜偏移，并设置文本框为四周型文字环绕。

（4）在文档末尾创建如样张所示的层次结构图。

（5）为文档添加自定义水印，水印文字为“云计算”。

（6）为文档添加任一艺术型页面边框。

实验 3　Word 进阶应用

一、实验目的

（1）使用页面排版、文档结构和标题级别对长文档进行排版。

（2）学会定义新的多级列表为章节添加编号、为图表添加题注。

（3）学会自动生成文档目录。

（4）学会插入脚注。

二、实验内容

启动 Word 2016，打开 D:\ 上机 \word\W2-3.docx 文档，将其以名称“NewW2-4.docx”另存到自己的文件夹中，并进行下列操作，完成后的效果如图 2-7 所示。

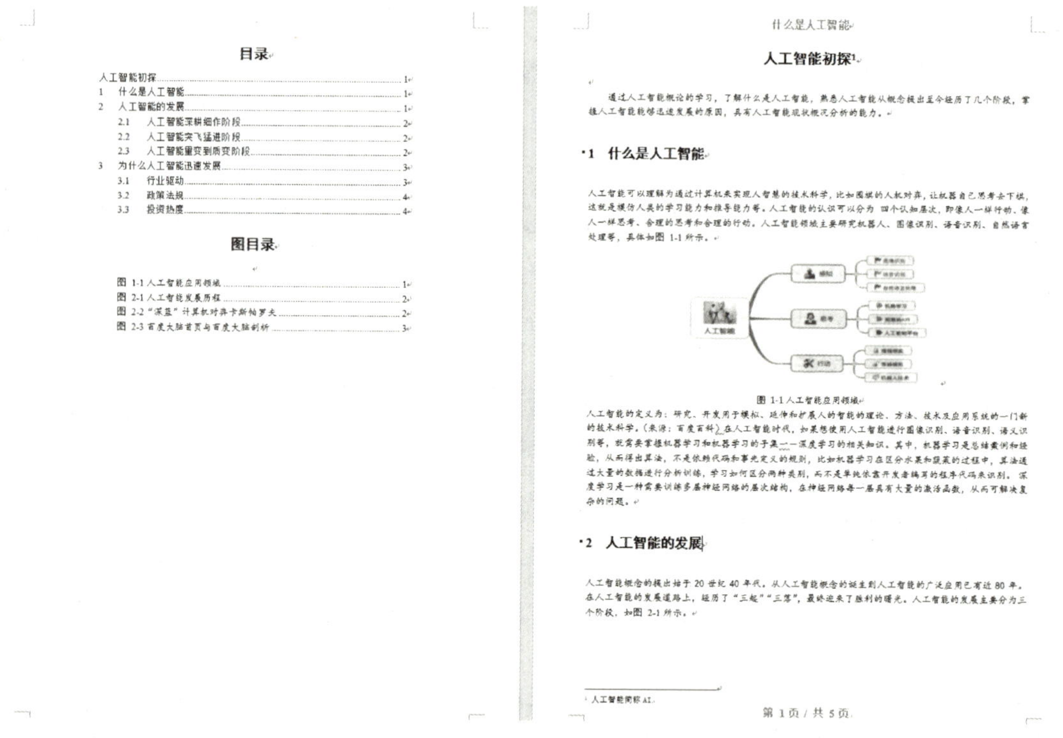

目录

图目录

什么是人工智能

人工智能初探[1]

通过人工智能概论的学习，了解什么是人工智能，熟悉人工智能从概念提出至今经历了几个阶段，掌握人工智能能够迅速发展的原因，具有人工智能现状概况分析的能力。

1 什么是人工智能

人工智能可以理解为通过计算机来实现人智慧的技术科学，比如围棋的人机对弈，让机器自己思考去下棋，这就是模仿人类的学习能力和推导能力等。人工智能的认识可以分为 四个认知层次，即像人一样行动、像人一样思考、合理的思考和合理的行动。人工智能领域主要研究机器人、图像识别、语音识别、自然语言处理等，具体如图 1-1 所示。

图 1-1 人工智能应用领域

人工智能的定义为：研究、开发用于模拟、延伸和扩展人的智能的理论、方法、技术及应用系统的一门新的技术科学。(来源：百度百科）在人工智能时代，如果想使用人工智能进行图像识别、语音识别、语义识别等，就需要掌握机器学习和机器学习的子集——深度学习的相关知识。其中，机器学习是总结案例和经验，从而得出算法，不是依赖代码和事先定义的规则，比如机器学习在区分水果和蔬菜的过程中，算法通过大量的数据进行分析训练，学习如何区分两种类别，而不是单纯依靠开发者编写的程序代码来识别。深度学习是一种需要训练多层神经网络的层次结构，在神经网络每一层具有大量的激活函数，从而可解决复杂的问题。

2 人工智能的发展

人工智能概念的提出始于 20 世纪 40 年代。从人工智能概念的诞生到人工智能的广泛应用已有近 80 年。在人工智能的发展道路上，经历了“三起”“三落”，最终迎来了胜利的曙光。人工智能的发展主要分为三个阶段，如图 2-1 所示。

[1] 人工智能简称 AI。

第 1 页 / 共 5 页

图 2-7 长文档目录页和正文首页样张

1. 版面设置

（1）页面设置要求：上、下、左、右页边距均设置为 2 厘米，页眉、页脚距边界均设置为 1.5 厘米，纸张大小设置为 A4，并应用于“整篇文档”。

操作要点：在“页面布局”选项卡的“页面设置”组中单击“页边距”按钮，在弹出的下拉菜单中选择“自定义边距”命令，在弹出的“页面设置”对话框中进行设置。

（2）设置背景为文字水印“请勿复制”，字体为隶书，字号为 120，颜色为浅蓝色。

操作要点：在“设计”选项卡的“页面背景”组中单击“水印”按钮，在弹出的下拉菜单中选择“自定义水印”命令，在弹出的“水印”对话框中进行设置。

2. 创建或修改样式

节选广西民族大学本科毕业论文（设计）基本规范要求，需要注意的是，设置某种标题样式是为了让系统自动生成目录。3 种标题样式要求如下。

- 文章标题……（样式基准：标题，黑体、加粗、三号、居中）。

- 正文一级标题……（样式基准：标题 1，黑体、加粗、小三号）。
- 正文二级标题……（样式基准：标题 2，黑体、加粗、四号）。

操作要点：

① 新建样式。在“开始”选项卡的“样式”组中单击右侧的按钮，弹出“样式”窗格，单击“新建样式”按钮，弹出“根据格式设置创建新样式”对话框，按照如图 2-8 所示的步骤进行操作。若不想新建样式，则可以在系统样式上直接修改，在“样式”窗格中右击“标题 1”，在弹出的快捷菜单中选择“修改”命令。

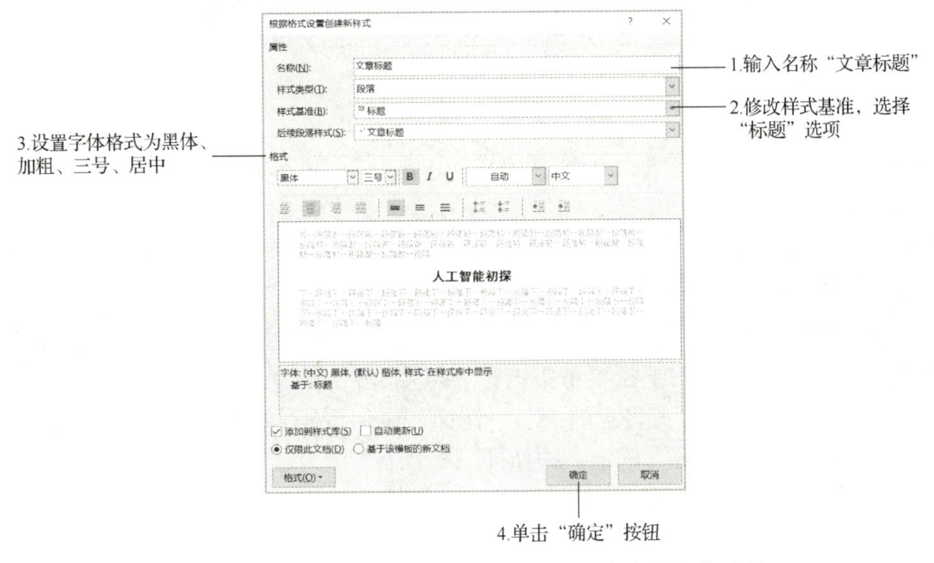

图 2-8 “根据格式设置创建新样式”对话框中的操作步骤

② 使用相同的方法创建另外两种样式。

③ 我们也可以直接在“样式”窗格中右击样式名，选择修改，设置格式。

3. 为文档设置多级列表

自定义多级列表：1. 标题 1，1.1 标题 2，1.1.1 标题 3。将所有红色文字应用标题 1 样式，所有绿色文字应用标题 2 样式，所有蓝色文字应用标题 3 样式。

操作要点：

① 自定义多级列表。定位红色文字所在行，在“开始”选项卡的“段落”组中单击“多级列表”按钮，在弹出的下拉菜单中选择“定义新的多级列表”命令，在弹出对话框的“单击要修改的级别”选区中选中级别 1，设置编号格式 1，单击左下角的“更多”按钮，在“将级别链接到样式”下拉列表中选择“标题 1”选项；依次选中级别 2，设置编号格式 1.1，级别链接“标题 2”；选中级别 3，设置编号格式 1.1.1，级别链接“标题 3”，单击“确定”按钮。

② 应用样式。定位红色文字行（章标题），应用“标题 1”样式，行首自动添加 1 开始的编号；定位绿色文字行（节标题），应用“标题 2”样式；定位蓝色文字行，应用“标题 3”样式。使用大纲视图或导航窗格（开始→查找）可以查看应用标题样式后的效果。

4. 设置题注与交叉引用

为文中的所有图片设置题注，格式为图 1-1，包含章节号。

操作要点：

① 插入图编号。定位到图题前（图下方一行文字），在“引用”选项卡的“题注”组中单击“插入题注”按钮，在弹出的对话框的“标签”下拉列表中选择“图表”选项，单击“编号”按钮，在弹出的对话框中勾选“包含章节号”复选框，单击“确定”按钮，可以看到光标处已经自动添加编号“图 1-1”。

② 交叉引用图的文字。将光标移动到图上方的“如下图所示”文字处，选中“下图”，在“引用”选项卡的“题注”组中单击“交叉引用”按钮，在弹出的对话框中设置“引用类型”为“图表”，“引用内容”为“只有标签和编号”，在下方选中对应的图编号，单击“插入”按钮后光标位置自动出现图编号。

5. 插入目录与图目录

在第 1 页插入目录与图目录，并与正文内容分开。

操作要点：

① 定位到文章开头，在“页面布局”选项卡的“页面设置”组中单击“分隔符”按钮，在弹出的下拉菜单中选择“分节符”→“下一页”命令。

② 定位到第 1 页，输入“正文目录”并居中，换行。在“引用”选项卡的“目录”组中单击“目录”按钮，在弹出的下拉菜单中选择“自定义目录”命令，弹出“目录”对话框，如图 2-9 所示，可以在此处设置目录的细节。例如，显示页码、页码右对齐、制表符前导符、显示级别等，设置完成后单击“确定”按钮即可插入目录。

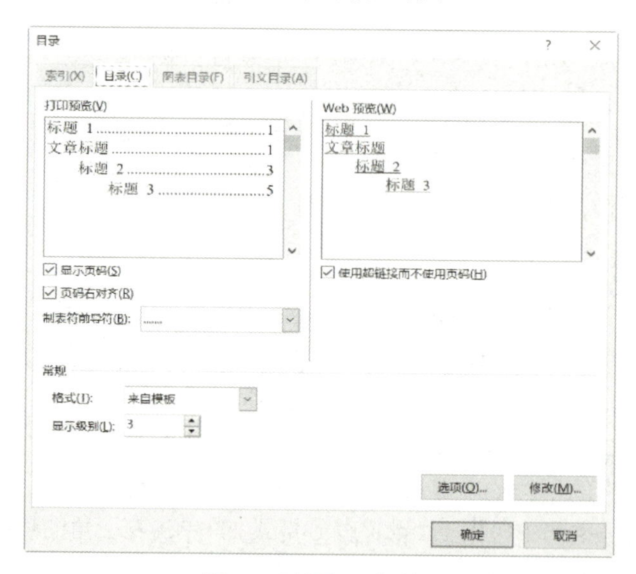

图 2-9 “目录”对话框

③ 在正文目录后换行，输入“图目录”并居中，换行，在“引用”选项卡的“题注”组中单击“插入表目录”按钮，弹出“图表目录”对话框，切换到“图表目录”选项卡，在“题注标签”下拉列表中选择“图表”选项，单击“确定”按钮即可插入图目录。

④ 更新目录和文章内容中的修改。如果标题和页码有变化且需要进行目录更新，那么可以在目录处右击，在弹出的快捷菜单中选择“更新域”命令，在弹出的对话框中选中“更新整个目录”单选按钮，单击“确定”按钮。

6. 设置页眉和页脚

页眉、页脚要求：设置目录页无页眉，页脚页码格式为“Ⅰ，Ⅱ，Ⅲ，…”。正文页页眉为本页标题 1 的内容，居中对齐，页脚为“第 x 页，共 y 页”（x 为当前页码，y 为当前总页数），页眉、页脚的字体均为加粗的小四号字。

操作要点：

① 分节。在第 5 题中，已经将目录与正文分为两节。

② 定位到目录页，首先在“插入”选项卡的“页眉和页脚”组中单击“页码”按钮，在弹出的下拉菜单中选择“设置页码格式”命令，在弹出的对话框中设置“编号格式”为“Ⅰ，Ⅱ，Ⅲ，…”，单击“确定”按钮，然后在“插入”选项卡的“页眉和页脚”组中单击“页码”按钮，在弹出的下拉菜单中选择“页面底端”→“普通数字 2”命令。

③ 双击正文页首页的页眉位置，在“页眉和页脚工具/设计”选项卡的“导航”组中单击“链接到前一条页眉”按钮，取消与前一节的链接。在“插入”选项卡的“文本”组中单击“文档部件”按钮，在弹出的下拉菜单中选择“域”命令，在弹出的对话框的左侧“类别”下拉列表中选择“链接和引用”选项，在“域名”列表框中选择“StyleRef”选项，在“域属性”选区中选择“标题 1”选项，单击“确定”按钮。

④ 双击正文页首页的页脚位置，首先在“插入”选项卡的“页眉和页脚”组中单击“页码”按钮，在弹出的下拉菜单中选择“页面底端”→“加粗显示的数字 2”命令，然后继续在“页眉和页脚”组中单击“页码”按钮，在弹出的下拉菜单中选择“设置页码格式”命令，在弹出的对话框中设置“编号格式”为“1，2，3，…”，“起始页码”为“1”，单击“确定”按钮，分别定位页码数字前后对应位置并输入“第页共页”等文字，最后设置字号即可。

7. 插入脚注

为标题加上脚注，脚注内容为“人工智能简称 AI”，脚注格式为宋体、小五号。

操作要点：选中标题文字，在“引用”选项卡的“脚注”组中单击“插入脚注”按钮，输入相应的内容即可。

8. 设置文档的字体及段落格式

（1）作者及地址：宋体、小五号、居中。

（2）摘要和关键词：宋体、小五号，首行缩进 2 字符，行距为固定值 20 磅。

（3）正文：宋体、五号，首行缩进 2 字符。

（4）参考文献：“参考文献”4 个字为黑体、四号、加粗、居中；参考文献正文为仿宋、五号。

9. 将文档存为 PDF 格式

操作要点：选择“文件”→“导出”→“创建 PDF/XPS 文档”命令。

三、自我训练

按照所在学校的本科毕业论文（设计）基本规范要求完成长文档的排版。例如，按照“广西民族大学毕业论文写作简单规范”要求，完成某位同学的毕业论文排版工作。

广西民族大学毕业论文写作简单规范

1. 封面

封面内容均须打印，题目为宋体、加粗、小二号字；学院等其他内容为宋体、加粗、三号字。横线上起始文字均左起空两格。封面及任务书不能有页码。

2. 目录

“目录”二字中间空两格，使用黑体、加粗、三号字，居中打印。一级标题使用黑体、加粗、小三号字，二级标题使用黑体、加粗、四号字，以此类推，每一级标题减小一个字号，到四级标题为止，不使用五级及以下标题。目录部分单独编页码，使用Ⅰ、Ⅱ等页码样式并居中。

3. 题目

题目使用黑体、加粗、三号字，并居中。

4. 摘要及关键词

“摘要”二字使用黑体、加粗、小三号字，并居中。摘要内容使用宋体、四号字，行距为20磅。“关键词”三个字使用黑体、加粗、小三号字。关键词为3～5个，使用宋体、四号字，每个关键词之间空一格。摘要部分单独编页码，使用Ⅰ、Ⅱ等页码样式并居中。

5. 正文

正文使用宋体、小四号字，数字和英文用Times New Roman字体，标准字间距，行距为20磅，段落前空2字符，段前、段后各一行间距。

图、表、公式：文中的图、表、公式应分章依序编号，并与上下正文之间有一行的间距。图应有图号和图题，如“图2.1 测评指标等级标示图”，图号和图题应置于图下方的居中位置，并使用楷体、小四号字。表应有表号和表题，如“表2.1 测评指标等级标示表”，表号和表题应置于表上方的居中位置，并使用楷体、小四号字。

正文部分单独编页码，使用1、2、3等页码样式并居中。

6. 参考文献

“参考文献”4个字使用黑体、加粗、小三号字，并居中；参考文献内容使用仿宋、五号字。

7. 致谢

“致谢”二字中间空两格，使用黑体、加粗、小三号字，并居中；致谢内容格式同正文，宋体、小四号字。

8. 附录

“附录”二字中间空两格，使用黑体、加粗、小三号字，并居中；附录内容格式同正文。

Excel 电子表格处理软件实验

本章的教学目标是使学生熟练掌握 Excel 电子表格处理软件的使用方法，并能综合运用 Excel 解决实际问题。本章的主要内容包括 Excel 工作表的基本操作、Excel 的图表化和数据分析（排序、分类汇总、筛选及数据透视表）等。

实验 1　Excel 工作表的基本操作

一、实验目的

（1）掌握 Excel 工作簿的建立、保存与打开方法。
（2）掌握工作表中数据的输入方法。
（3）掌握公式和函数的使用方法。
（4）掌握数据的编辑和修改方法。
（5）掌握工作表的格式化方法。

二、实验内容

1. 基本准备

（1）在 D:\（或指定的其他盘）下新建一个名为“Excel 实验”的文件夹。

（2）启动 Excel。

（3）建立一个 Excel 工作簿，在 Sheet1 工作表中输入如图 3-1 所示的数据，并以名称“学生成绩 .xlsx”保存在“D:\ Excel 实验”目录下。

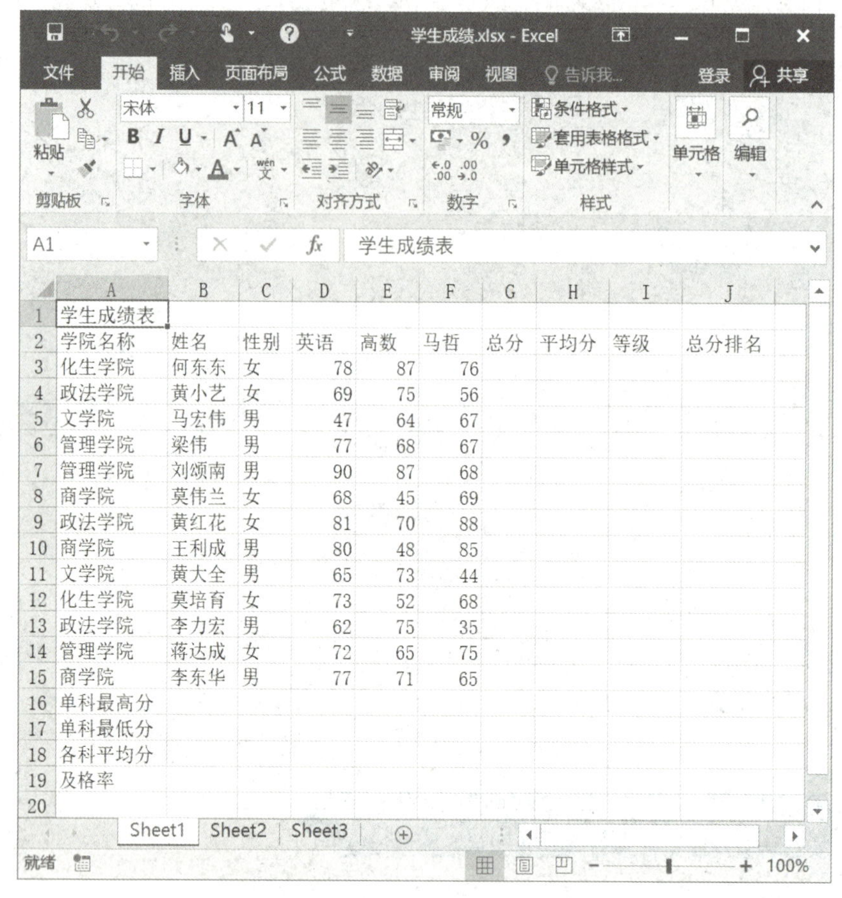

	A	B	C	D	E	F	G	H	I	J
1	学生成绩表									
2	学院名称	姓名	性别	英语	高数	马哲	总分	平均分	等级	总分排名
3	化生学院	何东东	女	78	87	76				
4	政法学院	黄小艺	女	69	75	56				
5	文学院	马宏伟	男	47	64	67				
6	管理学院	梁伟	男	77	68	67				
7	管理学院	刘颂南	男	90	87	68				
8	商学院	莫伟兰	女	68	45	69				
9	政法学院	黄红花	女	81	70	88				
10	商学院	王利成	男	80	48	85				
11	文学院	黄大全	男	65	73	44				
12	化生学院	莫培育	女	73	52	68				
13	政法学院	李力宏	男	62	75	35				
14	管理学院	蒋达成	女	72	65	75				
15	商学院	李东华	男	77	71	65				
16	单科最高分									
17	单科最低分									
18	各科平均分									
19	及格率									
20										

图 3-1　学生成绩表

2. 输入数据，并设置格式

（1）在“总分”左边插入一列“体育”，并输入各位学生的体育成绩，依次为 78、74、80、82、67、66、84、62、86、65、82、77、62。

操作要点：定位 G 列任一单元格，在“开始”选项卡的“单元格”组中单击“插入”下方的下三角按钮，在弹出的下拉菜单中选择“插入工作表列”命令。

（2）在“学院名称”左边插入一列“学号”，并输入各位学生的学号：0001 ～ 0013。

操作要点：在插入列后，定位 A3 单元格，在英文状态下录入 '0001，移动鼠标到 A3 单元格的右下角，在出现填充柄后（+ 字符号），拖动填充柄到 A15。

（3）将工作表中的 A1:L1 单元格合并居中，并设置字体为黑体、28 磅。

操作要点：选择 A1:L1 单元格，在“开始”选项卡的“对齐方式”组中单击“合并后居中”按钮。

（4）利用条件格式将不及格的成绩格式设置为红色字体、加粗。

操作要点：选择 4 门课的单元格区域 E3:H15，在“开始”选项卡的“样式”组中单击“条件格式”按钮，在弹出的下拉菜单中选择“突出显示单元格规则”→“小于”命令，在弹出的“小于”对话框的左侧输入“60”，在“设置为”下拉列表中选择“自定义格式”选项，在弹出的对话框中设置字体格式为加粗、红色，单击“确定”按钮。

（5）为工作表的 A2:L19 区域添加边框：外框用红色双线，内框用黑色单线。

操作要点：选择 A2:L19 单元格，在“开始”选项卡的“字体”组中单击“下框线”右侧的下三角按钮 ，在弹出的下拉菜单中选择“其他边框”命令，在弹出的对话框中选择双线、红色后单击“外边框”按钮，选择单线、黑色后单击“内部”按钮，最后单击“确定”按钮。

（6）为 Sheet1 工作表制作副本，并命名为“备份”。

操作要点：在工作表窗口底部的“Sheet1”处右击，在弹出的快捷菜单中选择“移动或复制”命令，在弹出的对话框中勾选“建立副本”复选框，单击“确定”按钮，右击新工作表重命名即可。

3. 利用公式或函数，在 Sheet1 工作表中进行计算

（1）利用函数求每位学生的总分。

操作要点：定位 I3 单元格，在“开始”选项卡的“编辑”组中单击“自动求和”右侧的下三角按钮，在弹出的下拉菜单中选择“求和”命令，按 Enter 键，或者单击编辑栏中的“√”按钮。若要取消，则单击“×”按钮。拖动 I3 右下角的填充柄到 I15 即可得到每位学生的总分。

（2）利用公式求每位学生的平均分。平均分等于总分除以 4（保留 1 位小数）。

操作要点：定位 J3 单元格，输入“=I3/4”，按 Enter 键。再次定位 J3 单元格，在“开始”选项卡的“数字”组中单击“减少小数位数”按钮，保留 1 位小数后，拖动填充柄到 J15。

（3）利用函数求单科成绩的最高分和最低分。

操作要点：定位相应单元格，在“开始”选项卡的“编辑”组中单击“自动求和”右侧的下三角按钮，在弹出的下拉菜单中依次选择“最大值”“最小值”命令，向右拖动填充柄即可（思考公式中的地址是否需要修改）。

（4）利用函数求各科成绩的平均分（保留 1 位小数）。

操作要点：定位 E18 单元格，在“开始”选项卡的“编辑”组中单击“自动求和”右侧的下三角按钮，在弹出的下拉菜单中选择“平均值”命令，注意将公式中的地址 E17 修改为 E15，按 Enter 键，将填充柄向右拖动至 H18。

（5）利用 IF 函数求等级：如果平均分大于或等于 70，则等级为“合格”，否则为“不合格”。

操作要点：定位 K3 单元格，输入“=IF(J3>=70,"合格","不合格")”，或者单击编辑栏中的“*fx*”按钮，在弹出的对话框中选择 IF 函数，单击“确定”按钮，在弹出的“函数参数”对话框中依次输入 3 个参数：J3>=70、合格、不合格，单击“确定”按钮。

（6）利用 RANK 函数求学生的总分排名。

操作要点：定位 L3 单元格，输入“=RANK(I3,$I$3:$I$15)”，按 Enter 键，拖动填充柄到 L15。

（7）利用 COUNT 和 COUNTIF 函数求各科及格率（百分比，保留整数）。

操作要点：定位 E19 单元格，输入“=COUNTIF(E3:E15,">=60")/COUNT(E3:E15)”，按 Enter 键。

（8）为新表格重新设置表头和表线，并设置为自动调整列宽。

操作要点：在“开始”选项卡的“单元格”组中单击“格式”按钮，在弹出的下拉菜单中选择“自动调整列宽”命令。实验结果如图 3-2 所示。

（9）存盘退出。

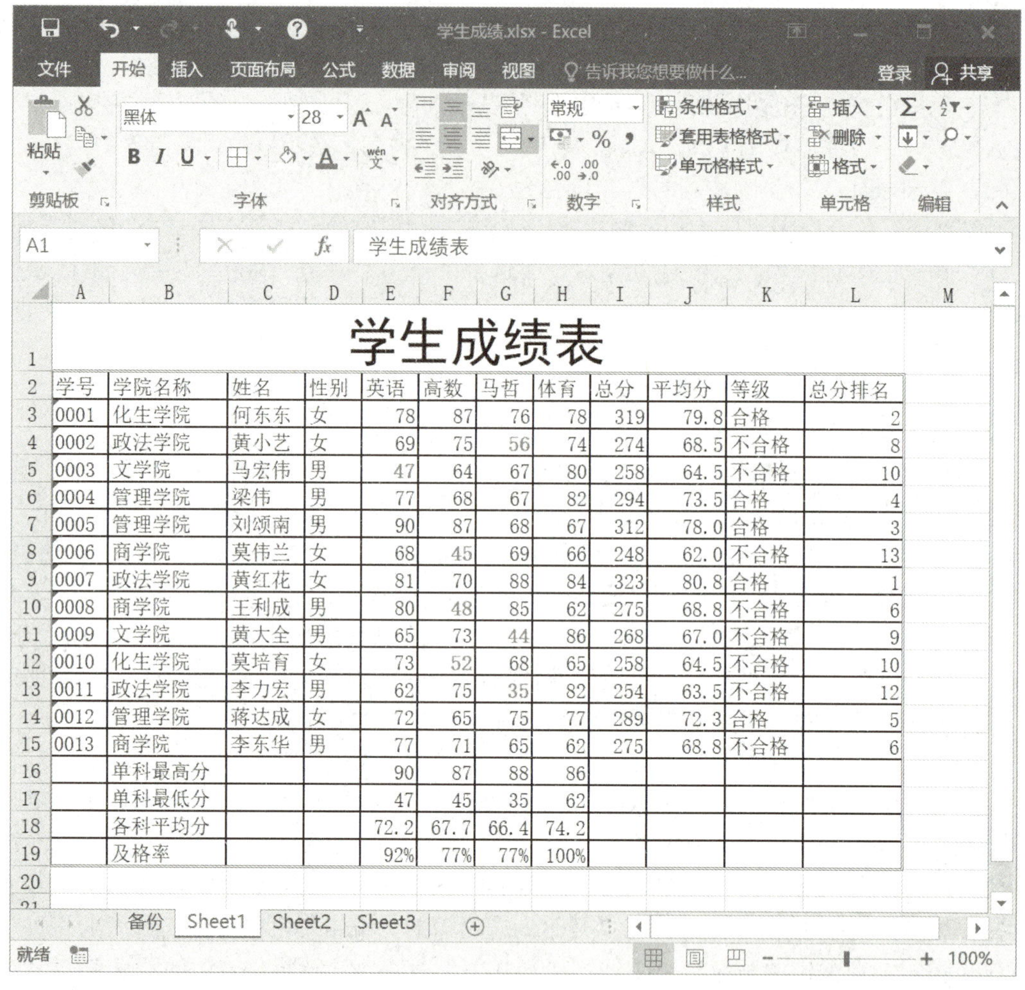

学生成绩表

学号	学院名称	姓名	性别	英语	高数	马哲	体育	总分	平均分	等级	总分排名
0001	化生学院	何东东	女	78	87	76	78	319	79.8	合格	2
0002	政法学院	黄小艺	女	69	75	56	74	274	68.5	不合格	8
0003	文学院	马宏伟	男	47	64	67	80	258	64.5	不合格	10
0004	管理学院	梁伟	男	77	68	67	82	294	73.5	合格	4
0005	管理学院	刘颂南	男	90	87	68	67	312	78.0	合格	3
0006	商学院	莫伟兰	女	68	45	69	66	248	62.0	不合格	13
0007	政法学院	黄红花	女	81	70	88	84	323	80.8	合格	1
0008	商学院	王利成	男	80	48	85	62	275	68.8	不合格	6
0009	文学院	黄大全	男	65	73	44	86	268	67.0	不合格	9
0010	化生学院	莫培育	女	73	52	68	65	258	64.5	不合格	10
0011	政法学院	李力宏	男	62	75	35	82	254	63.5	不合格	12
0012	管理学院	蒋达成	女	72	65	75	77	289	72.3	合格	5
0013	商学院	李东华	男	77	71	65	62	275	68.8	不合格	6
	单科最高分			90	87	88	86				
	单科最低分			47	45	35	62				
	各科平均分			72.2	67.7	66.4	74.2				
	及格率			92%	77%	77%	100%				

图 3-2　学生成绩表实验结果

三、自我训练

建立一个 Excel 工作簿，并以名称“人力资源情况表 .xlsx”保存在“D:\ Excel 实验”目录下。在 Sheet1 工作表中输入如图 3-3 左侧所示的数据，完成下列操作后，结果如图 3-3 右侧所示。

（1）在 A 列前插入一列“编号”，并输入各个部门的编号：001 ～ 004。

（2）将“Sheet1”工作表更名为“煤矿人员情况”，并将工作表中的 A1:D1 单元格合并居中，设置字体为楷体、26 号、红色。

（3）利用函数求总人数，利用公式求所占比例（所占比例 = 人数 / 总人数），并以百分比格式（保留 1 位小数）显示。（提示：总人数的地址用绝对引用）

（4）为表格中的 A2:D7 区域添加表线，并设置单元格格式为“自动调整列宽”。

（5）为表格中的表头栏区域（A2:D2）添加黄色底纹。

（6）利用条件格式将所占比例大于 25% 的值用绿色显示。

（7）存盘退出。

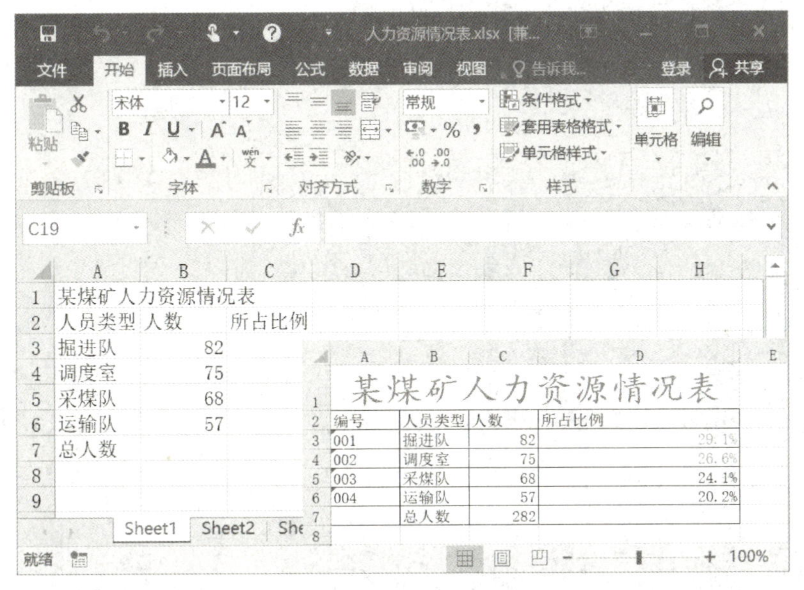

图 3-3　人力资源情况表原始数据与实验结果

实验 2　Excel 的图表化

一、实验目的

（1）掌握图表的创建方法。
（2）掌握图表的编辑方法。
（3）掌握图表的格式化方法。

二、实验内容

1. 打开保存的“学生成绩 .xlsx”文件

2. 利用 Sheet1 工作表中的数据，制作“各同学课程比较图”并嵌入本工作表

操作要点：首先拖动选择姓名区域（C2:C15），按住 Ctrl 键，然后拖动选择 4 门课的成绩区域（E2:H15），最后在“插入”选项卡的“图表”组中单击“插入柱形图”按钮，在弹出的下拉菜单中选择“簇状柱形图”命令。

3. 利用“图表工具”下“设计”和“格式”中的各项功能完成下列操作，结果如图 3-4 所示

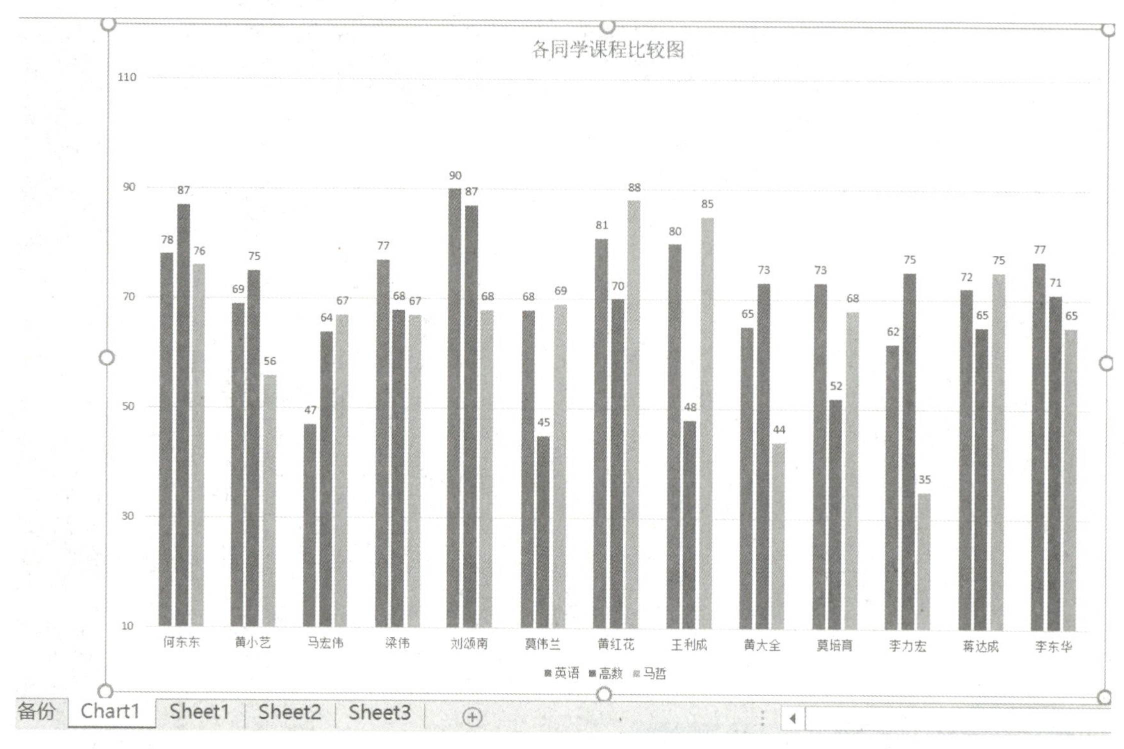

图 3-4　各同学课程比较图

（1）修改图表标题为“各同学课程比较图”。

（2）将数据标签位置改为“数据标签外”。

操作要点：在“图表工具 / 设计”选项卡的“图表布局”组中单击“添加图表元素”按钮，在弹出的下拉菜单中选择“数据标签”→“数据标签外”命令。

（3）设置纵坐标轴格式：边界最小值为 10，间距为 20。

操作要点：右击纵坐标刻度数字，在弹出的快捷菜单中选择“设置坐标轴格式”命令，在弹出的窗格中设置边界最小值为 10、最大值为 100，主要单位为 20。

（4）修改图例位置为“靠下”。

操作要点：右击图例，在弹出的快捷菜单中选择“设置图例格式”命令，在弹出的窗格中选中“靠下”单选按钮。

（5）删除体育成绩。

操作要点：单击体育成绩对应的柱子，按 Delete 键删除。

（6）移动图表位置为独立式图表 Chart1。

操作要点：右击图表，在弹出的快捷菜单中选择“移动图表”命令，在弹出的对话框中选中“新工作表”单选按钮，单击“确定”按钮。

4. 在 Sheet1 工作表中，制作黄小艺同学的 4 门课程比较图，图表类型为簇状条形图

操作要点：选择 C2 单元格，按住 Ctrl 键，依次选择 C4 单元格、E2:H2 区域和 E4:H4 区域，选中 4 个区域后松开 Ctrl 键，在“插入”选项卡的“图表”组中单击“插入条形图”按钮，在弹出的下拉菜单中选择“簇状条形图”命令。

5. 在 Sheet1 工作表中，制作每位学生的课程比较迷你图，并放置在每位学生所在行的 M 列

操作要点：在“插入”选项卡的“迷你图”组中单击“柱形图”按钮，在弹出的对话框中设置“数据范围”为“E3:H3”，“位置范围”为“M3”，单击“确定”按钮，将 M3 单元格的填充柄拖动到 M15 即可。

三、自我训练

打开保存的“人力资源情况表 .xlsx”文件，在 Sheet1 工作表中，使用“人员类型”和“人数”中的数据建立如图 3-5 所示的部门人数比例图，并嵌入本工作表。

按照下列要求修改图表选项。

（1）将图表标题“部门人数比例图”设置为黑体、22 磅。

（2）设置数据标签选项为“百分比”，标签位置为“数据标签外”。

（3）修改图例位置为“靠左”。

（4）存盘退出。

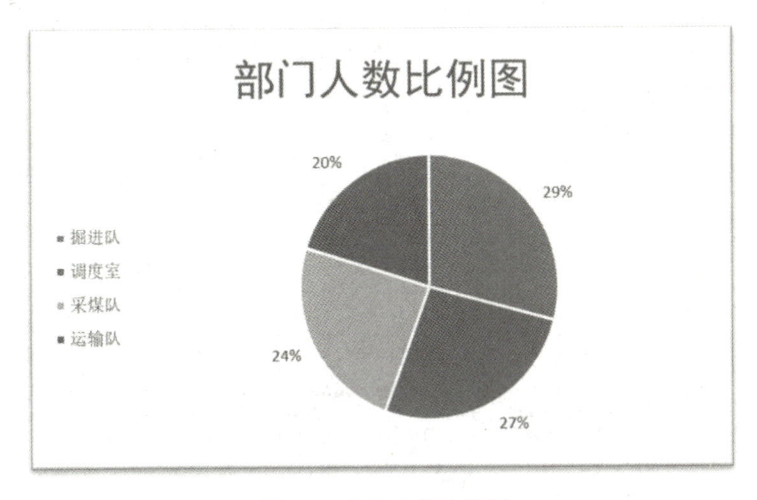

图 3-5　部门人数比例图

实验 3　Excel 工作表数据的排序、分类汇总和筛选

一、实验目的

（1）掌握数据的排序方法。

（2）掌握数据的分类汇总方法。

（3）掌握数据的筛选方法。

二、实验内容

打开保存的“学生成绩 .xlsx”，在 Sheet1 工作表后插入 4 个工作表，并将 Sheet1 工作表中的数据列表（见表 3-1）分别复制到 Sheet2、Sheet3、Sheet4、Sheet5 工作表中，依次定位各个工作表的 A1 单元格，在“开始”选项卡的“剪贴板”组中单击“粘贴”按钮。

表 3-1 Sheet1 工作表中的数据列表（选择单元格区域 A2:I15）　　单位：分

学号	学院名称	姓名	性别	英语	高数	马哲	体育	总分
0001	化生学院	何东东	女	78	87	76	78	319
0002	政法学院	黄小艺	女	69	75	56	74	274
0003	文学院	马宏伟	男	47	64	67	80	258
0004	管理学院	梁伟	男	77	68	67	82	294
0005	管理学院	刘颂南	男	90	87	68	67	312
0006	商学院	莫伟兰	女	68	45	69	66	248
0007	政法学院	黄红花	女	81	70	88	84	323
0008	商学院	王利成	男	80	48	85	62	275
0009	文学院	黄大全	男	65	73	44	86	268
0010	化生学院	莫培育	女	73	52	68	65	258
0011	政法学院	李力宏	男	62	75	35	82	254
0012	管理学院	蒋达成	女	72	65	75	77	289
0013	商学院	李东华	男	77	71	65	62	275

1. 排序

（1）在 Sheet2 工作表中将总分从高到低排序，排序结果如图 3-6 所示。

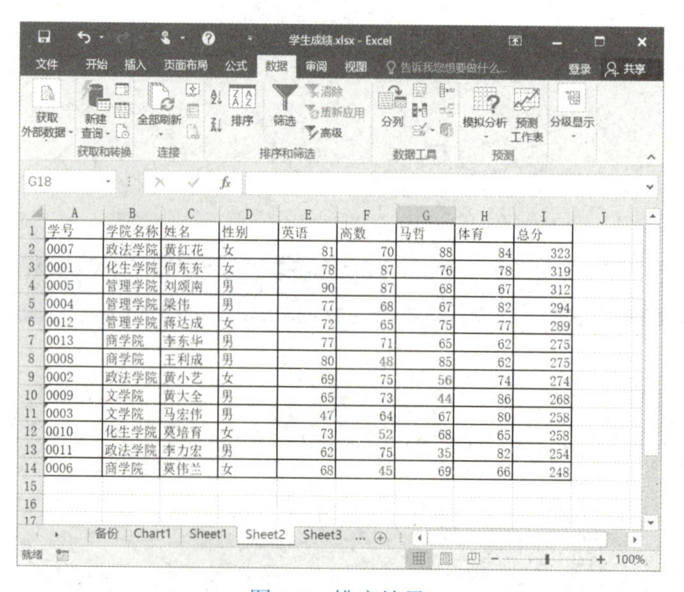

学号	学院名称	姓名	性别	英语	高数	马哲	体育	总分
0007	政法学院	黄红花	女	81	70	88	84	323
0001	化生学院	何东东	女	78	87	76	78	319
0005	管理学院	刘颂南	男	90	87	68	67	312
0004	管理学院	梁伟	男	77	68	67	82	294
0012	管理学院	蒋达成	女	72	65	75	77	289
0013	商学院	李东华	男	77	71	65	62	275
0008	商学院	王利成	男	80	48	85	62	275
0002	政法学院	黄小艺	女	69	75	56	74	274
0009	文学院	黄大全	男	65	73	44	86	268
0003	文学院	马宏伟	男	47	64	67	80	258
0010	化生学院	莫培育	女	73	52	68	65	258
0011	政法学院	李力宏	男	62	75	35	82	254
0006	商学院	莫伟兰	女	68	45	69	66	248

图 3-6　排序结果

操作要点：单击 I3 定位总分单元格，在“数据”选项卡的“排序和筛选”组中单击“降序”按钮即可。

（2）在 Sheet2 工作表中按总分降序排序，若总分相同，则按高数成绩降序排序。

操作要点：在“数据”选项卡的“排序和筛选”组中单击“排序”按钮，在弹出的对话框中单击“添加条件”按钮，设置“主要关键字”为“总分”，“次序”为“降序”，再次单击“添加条件”按钮，设置“次要关键字”为“高数”，“次序”为“降序”。观察结果，注意总分为 275 的两条记录。

2. 数据的分类汇总

（1）对 Sheet3 工作表中的数据进行分类汇总：按“学院名称”分类，求出各学院的总分平均值（保留 1 位小数），分类汇总结果如图 3-7 所示。

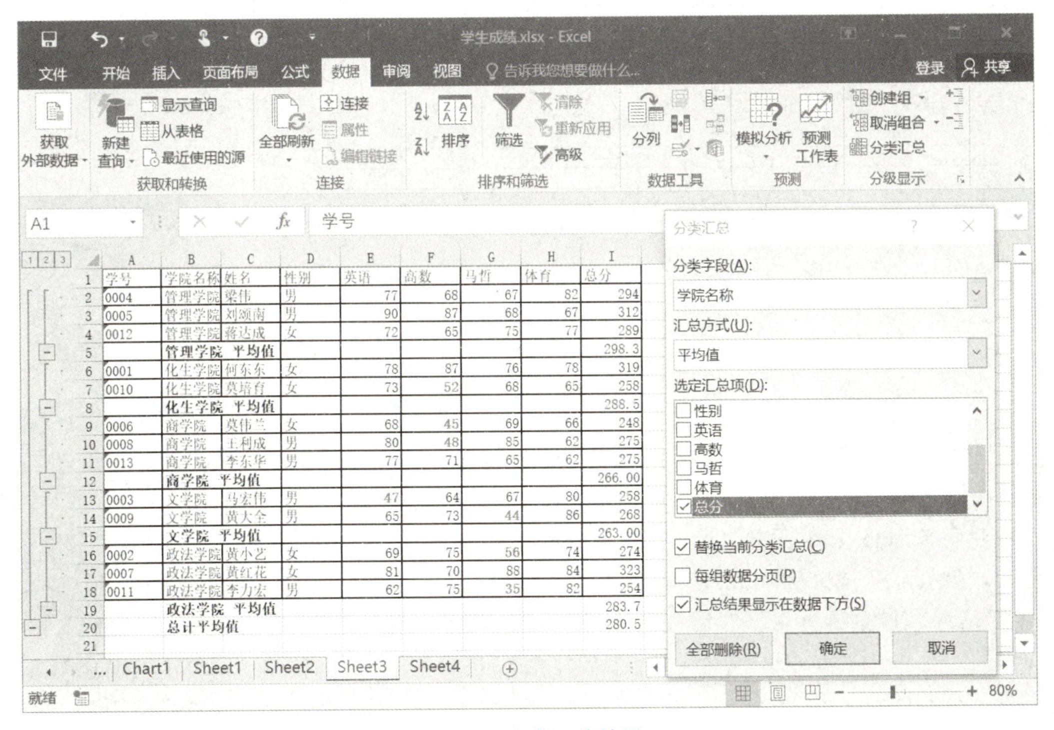

学号	学院名称	姓名	性别	英语	高数	马哲	体育	总分
0004	管理学院	梁伟	男	77	68	67	82	294
0005	管理学院	刘颂南	男	90	87	68	67	312
0012	管理学院	蒋达成	女	72	65	75	77	289
	管理学院 平均值							298.3
0001	化生学院	何东东	女	78	87	76	78	319
0010	化生学院	莫培育	女	73	52	68	65	258
	化生学院 平均值							288.5
0006	商学院	莫伟兰	女	68	45	69	66	248
0008	商学院	王利成	男	80	48	85	62	275
0013	商学院	李东华	男	77	71	65	62	275
	商学院 平均值							266.00
0003	文学院	马宏伟	男	47	64	67	80	258
0009	文学院	黄大全	男	65	73	44	86	268
	文学院 平均值							263.00
0002	政法学院	黄小艺	女	69	75	56	74	274
0007	政法学院	黄红花	女	81	70	88	84	323
0011	政法学院	李力宏	男	62	75	35	82	254
	政法学院 平均值							283.7
	总计平均值							280.5

图 3-7　分类汇总结果

操作要点：首先定位 B1 单元格，在“数据”选项卡的“排序和筛选”组中单击“升序”按钮，对“学院名称”进行排序，然后在“数据”选项卡的“分级显示”组中单击“分类汇总”按钮，在弹出的对话框中依次设置：“分类字段”为“学院名称”、“汇总方式”为“平均值”、“选定汇总项”仅勾选“总分”复选框，单击“确定”按钮，最后设置各学院的总分平均值为 1 位小数。

（2）嵌套分类汇总：保留（1）的结果，并按照“学院名称”求出各学院的人数。

操作要点：定位上题数据区域的任一单元格，在“数据”选项卡的“分级显示”组中单击“分类汇总”按钮，在弹出的对话框中依次设置：“分类字段”为“学院名称”、“汇总方式”为“计数”、“选定汇总项”仅勾选“总分”复选框，取消勾选“替换当前分类汇总”复选框，单击“确定”按钮。

（3）复制分类汇总结果：将各学院总分平均值的汇总结果复制到 A28 开始的区域。

操作要点：移动鼠标到 A1 单元格的左上角，单击分级显示数字 2，选择要复制的区域，按 Alt+; 组合键后，在“开始”选项卡的“剪贴板”组中先单击“复制”命令，再单击 A28 单元格，最后单击“粘贴”命令即可。

3. 数据的筛选

（1）在 Sheet4 工作表中筛选管理学院总分大于 290 分的学生，筛选结果如图 3-8 中的第 1 ～ 6 行所示。

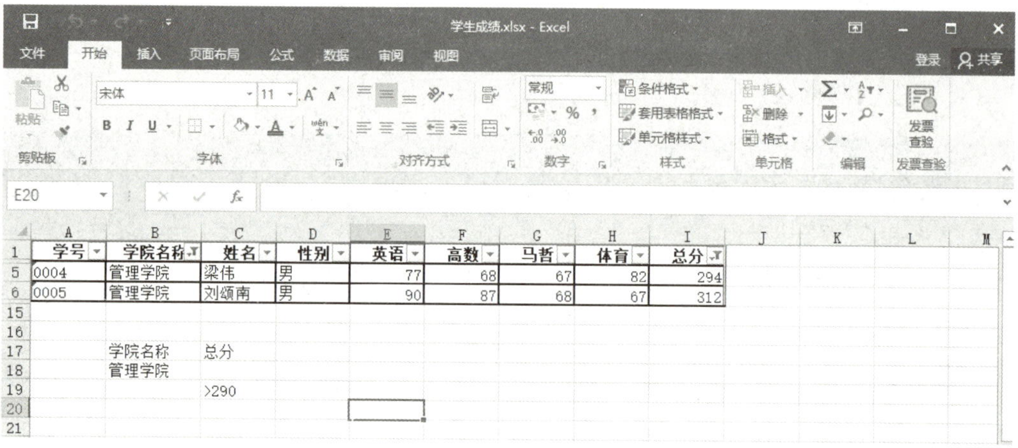

学号	学院名称	姓名	性别	英语	高数	马哲	体育	总分
0004	管理学院	梁伟	男	77	68	67	82	294
0005	管理学院	刘颂南	男	90	87	68	67	312

学院名称	总分
管理学院	
	>290

图 3-8　筛选结果

操作要点：定位数据区域内任一单元格，在“数据”选项卡的“排序和筛选”组中单击“筛选”按钮，先单击“学院名称”筛选箭头，仅勾选“管理学院”复选框；然后单击“总分”筛选箭头，选择“数字筛选”→“大于”命令，在弹出的对话框中输入 290，单击“确定”按钮。

（2）在 Sheet5 工作表中筛选学院名称为管理学院，或者总分大于 290 的学生。

操作要点：在 Sheet5 的 B17:C19 录入条件区域，见图 3-8 中的 B17:C19 内容，先单击 A1 单元格返回原数据区域，然后在“数据”选项卡的“排序和筛选”组中单击“高级”按钮，在弹出的对话框的“列表区域”选择 A1:I14，“条件区域”选择 B17:C19，单击“确定”按钮，结果显示有 5 条记录。

（3）存盘退出。

三、自我训练

（1）建立一个 Excel 工作簿，在 Sheet1 工作表中输入如图 3-9 所示的数据，并以名称“总评 .xlsx”保存在“D:\ Excel 实验”目录下。

（2）在“段考成绩”左边插入一列“平时成绩”，并输入每位学生的平时成绩，依次为 72、65、91、92、77、68。

（3）利用公式或函数求每位学生的总评（总评 = 平时成绩 × 20% + 段考成绩 × 20% + 期末成绩 × 60%），保留 1 位小数，并以“总评”为关键字，按照递减方式排序。

（4）为 Sheet1 工作表制作两个副本，并分别命名为“汇总”和“选优”，对“汇总”工作表中的数据进行分类汇总：按“系名”求出各系的平均总评。

（5）在“选优”工作表中筛选总评大于 80 的计算机系的学生。

（6）存盘退出。

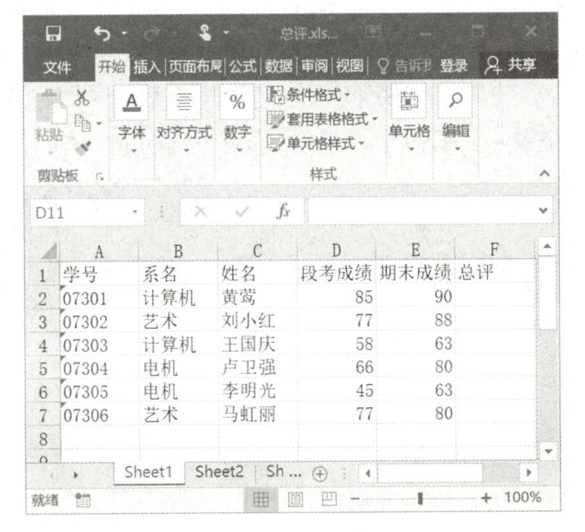

	A	B	C	D	E	F
1	学号	系名	姓名	段考成绩	期末成绩	总评
2	07301	计算机	黄莺	85	90	
3	07302	艺术	刘小红	77	88	
4	07303	计算机	王国庆	58	63	
5	07304	电机	卢卫强	66	80	
6	07305	电机	李明光	45	63	
7	07306	艺术	马虹丽	77	80	
8						

图 3-9　总评表

实验 4　Excel 提高实验

一、实验目的

（1）巩固并应用 Excel 基础知识处理表格。

（2）掌握多工作表之间数据的引用和计算方法。

（3）利用数据透视表和数据透视图，进行统计分析。

二、实验内容

打开 D:\ 上机 \Excel\w5-4.xlsx 文件，对各个工作表执行下列操作。

1. 在 Sheet1 工作表中完成下列操作，注意不同工作表单元格的引用

（1）将 Sheet1 工作表重命名为“成绩”。

（2）将第 1 行（A1:K1）内容合并居中，设置行高为 25，字体为黑体、20 磅，并自动调整列宽。

（3）用自动填充方式输入学号：00201 ～ 00213。

（4）在 C 列前插入一列，输入“学院名称”，用列表框选择输入每位学生所在的学院名称。

操作要点：插入“学院名称”列后，选中要添加下拉列表的单元格，即 C3，在“数据”

选项卡的“数据工具”组中单击“数据验证”按钮，在弹出的对话框中设置“允许”为“序列”，单击“来源”框，在“学院”工作表中拖动选择 A2:A6 区域，此时框中显示“= 学院 !$A$2:$A$6”，单击“确定”按钮。拖动填充柄到 C15，依次在每个列表框中选择一个学院。

（5）用公式计算综合分和及格率。综合分 = 各科成绩 × 比例系数，然后相加；及格率 = 及格人数 / 总人数（countif/count），及格率用百分比表示，小数位数为 0。

（6）用函数计算总分、最高分、平均分（保留 1 位小数）、排名（按总分排名）、备注（如果综合分小于 60，则填不及格，否则填及格）、综合分（sumproduct），结果如图 3-10 所示。

	A	B	C	D	E	F	G	H	I	J	K	L	M
1	学生成绩一览表												
2	学号	姓名	学院名称	性别	高等数学	英语	计算机	思想品德	总分	综合分	排名	备注	
3	00201	何东东	管理学院		85	70	83	91	329	81.3	2	及格	
4	00202	黄小艺	化生学院	女	62	45	48	68	223	55.3	13	不及格	
5	00203	马宏伟	商学院	男	50	73	87	72	282	68.7	6	及格	
6	00204	梁伟	文学院	男	90	88	90	93	361	90.0	1	及格	
7	00205	刘颂南	商学院	男	62	53	56	68	239	59.3	11	不及格	
8	00206	莫伟兰	商学院	女	78	77	90	76	321	79.7	4	及格	
9	00207	黄红花	政法学院	女	81	70	88	84	323	79.7	3	及格	
10	00208	王立成	文学院	男	80	48	85	62	275	67.8	7	及格	
11	00209	黄大全	政法学院	男	65	73	44	86	268	67.4	9	及格	
12	00210	莫培育	化生学院	女	66	40	60	65	231	56.8	12	不及格	
13	00211	李力宏	政法学院	男	62	75	35	82	254	64.5	10	及格	
14	00212	蒋大成	化生学院	女	72	65	75	77	289	71.5	5	及格	
15	00213	李东华	政法学院	男	77	71	65	62	275	69.8	7	及格	
16	最高分				90	88	90	93	361				
17	平均分				71.5	65.2	69.7	75.8	282.3				
18	及格率				92%	69%	69%	100%	100%				
19	比例系数				0.3	0.3	0.2	0.2	1				

成绩 | 销售表 | 商品 | 学院 | 风扇 | 人员 | 产量

图 3-10 “成绩”工作表结果

2. 在“风扇”工作表中，利用数据透视表，实现全部或按月显示下列统计数据

（1）统计各销售员销售的各种品牌风扇的数量，选择“艾美特”风扇，结果如图 3-11 所示。

操作要点：先利用公式求销售额（单价 × 数量），然后在“插入”选项卡的“表格”组中单击“数据透视表”按钮，在弹出的对话框中单击“表 / 区域”框，拖动选择“风扇 !$A$1:$H$16”，在“选择放置数据透视表的位置”选区中选中“现有工作表”单选按钮，在“位置”框中选择 A19 单元格，单击“确定”按钮。依次将“品牌”拖动到“筛选器”区域，“月份”拖动到“行”区域，“销售员”拖动到“列”区域，“数量”拖动到“值”区域，单击“值”区域中的下三角按钮，在弹出的下拉菜单中选择“值字段设置”命令，在弹出的对话框中选择“求和”选项，单击“确定”按钮。

（2）统计各销售员的总销售额。

（3）统计各种品牌电风扇的平均单价。

（4）统计各库房的总销售额。

3. 在“销售表”工作表中，用查找和引用函数合并表格数据

（1）使用“商品”工作表中的第 2、3、4 列（B、C、D 列）数据填写“销售表”对应

的 3 列内容。

操作要点：定位“销售表”的 E3 单元格，输入“= VLOOKUP(B3, 商品 !$A$1:$D$6, 2,FALSE)”，拖动填充柄到 E15。类似地，在 F3 单元格中输入“= VLOOKUP(B3, 商品 !$A$1:$D$6,3,FALSE)”，拖动填充柄到 F15，使用同样的方法对 G 列进行操作即可得到结果。

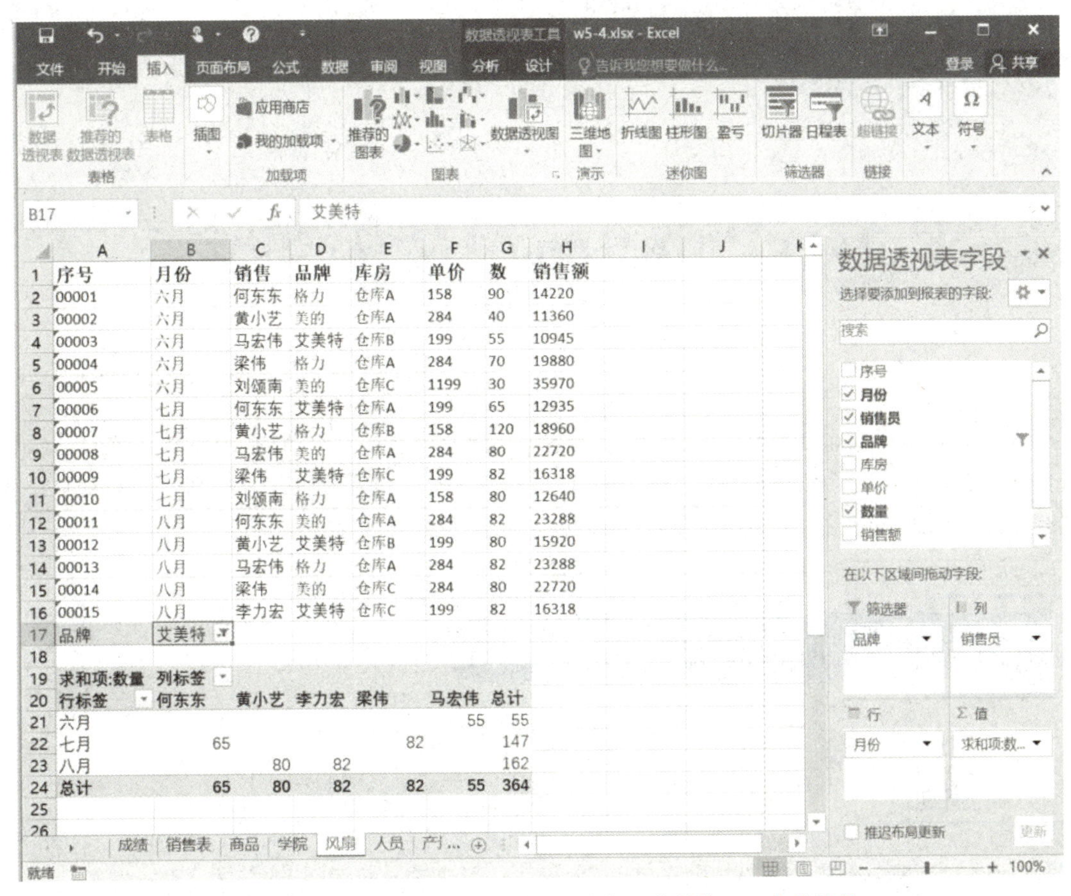

序号	月份	销售	品牌	库房	单价	数	销售额
00001	六月	何东东	格力	仓库A	158	90	14220
00002	六月	黄小艺	美的	仓库A	284	40	11360
00003	六月	马宏伟	艾美特	仓库B	199	55	10945
00004	六月	梁伟	格力	仓库A	284	70	19880
00005	六月	刘颂南	美的	仓库C	1199	30	35970
00006	七月	何东东	艾美特	仓库A	199	65	12935
00007	七月	黄小艺	格力	仓库B	158	120	18960
00008	七月	马宏伟	美的	仓库A	284	80	22720
00009	七月	梁伟	艾美特	仓库C	199	82	16318
00010	七月	刘颂南	格力	仓库A	158	80	12640
00011	八月	何东东	美的	仓库A	284	82	23288
00012	八月	黄小艺	艾美特	仓库B	199	80	15920
00013	八月	马宏伟	格力	仓库A	284	82	23288
00014	八月	梁伟	美的	仓库C	284	80	22720
00015	八月	李力宏	艾美特	仓库C	199	82	16318

品牌：艾美特

求和项:数量	列标签					
行标签	何东东	黄小艺	李力宏	梁伟	马宏伟	总计
六月					55	55
七月	65			82		147
八月		80	82			162
总计	65	80	82	82	55	364

图 3-11　数据透视表——各销售员销售“艾美特”风扇的数量

（2）用公式求“销售表”的销售额和利润。

PowerPoint 演示文稿实验

本章的教学目标是使学生熟练掌握 PowerPoint 2016 演示文稿软件的基本使用方法，并能综合运用 PowerPoint 2016 的相关知识制作演示文稿。本章的主要内容包括创建演示文稿、美化幻灯片、切换幻灯片、自定义动画与超链接，以及设置演示文稿的放映方式等。

实验　PowerPoint 演示文稿制作

一、实验目的

（1）熟悉创建演示文稿的基本过程。

（2）掌握幻灯片、文字和图片的插入方法。

（3）掌握幻灯片的制作和改变排列顺序的方法。

（4）掌握幻灯片格式和动态效果的设置方法（切换、动画、超链接）。

（5）掌握演示文稿的放映方式。

二、实验内容

1. 基本准备

（1）在 D:\（或指定的其他盘）下新建一个名为“PowerPoint 实验”的文件夹。

（2）启动 PowerPoint 2016。

2. 利用“空演示文稿”建立演示文稿，并对其进行编辑和美化

（1）建立一个包含 5 张幻灯片的演示文稿，并将结果以名称“厉害了我的国 .pptx”保存在“D:\ PowerPoint 实验”目录下。

操作要点：启动 PowerPoint 2016，选择“文件”→“新建”→“空白演示文稿”命令，在“开始”选项卡的“幻灯片”组中单击“新建幻灯片”按钮来插入新幻灯片，连续插入 5 张新幻灯片。

（2）第 1 张幻灯片采用“标题幻灯片”版式，在标题处输入“厉害了，我的国”，并设置字体格式为微软雅黑、72 磅、加粗、深红色；在副标题处输入“我爱我的国 我爱我的家”，并设置字体格式为微软雅黑、24 磅、深红色。

操作要点：首先在“大纲 / 幻灯片”窗格中选择第 1 张幻灯片，然后在“开始”选项卡的“幻灯片”组中单击“版式”按钮修改所需版式。

（3）第 2 张幻灯片采用“标题和内容”版式，在标题处输入“港珠澳大桥”，并设置字体格式为黑体、44 磅、加粗。打开 D:\ 上机 \PPT\P8-A.txt 文件，复制文字到文本占位符中，并设置格式为黑体、28 磅、1.5 倍行距。

（4）第 3、4、5 张幻灯片均采用“仅标题”版式，在第 3 张幻灯片标题处输入“中国桥”，并插入 D:\ 上机 \PPT\ 港珠澳大桥 .jpg；在第 4 张幻灯片标题处输入“中国航母”，并插入 D:\ 上机 \ PPT\ 航母 .jpg，将其裁剪为“泪滴形”；在第 5 张幻灯片标题处输入“中国航天”，并插入 D:\ 上机 \ PPT\ 火箭 .jpg，为其应用“映像圆角矩形”样式。

操作要点：定位幻灯片，在“插入”选项卡的“图像”组中单击“图片”按钮，在弹出的对话框中找到指定文件并插入。选中航母图片，在“图片工具 / 格式”选项卡的“大小”组中单击“裁剪”下方的下三角按钮，在弹出的下拉菜单中选择“裁剪为形状”→“基本形状”→“泪滴形”命令。选中火箭图片，在“图片工具 / 格式”选项卡的“图片样式”组中选择“映像圆角矩形”选项，并适当调整图片的大小和位置。

（5）在末尾新建 1 张“空白”版式的幻灯片，将其与第 5 张幻灯片交换位置后删除。

操作要点：在“大纲 / 幻灯片”窗格中直接拖动幻灯片即可移动位置。单击新建的“空白”版式幻灯片，直接按 Delete 键或者右击，在弹出的快捷菜单中选择“删除幻灯片”命令即可删除。

保存文件，制作效果如图 4-1 所示。

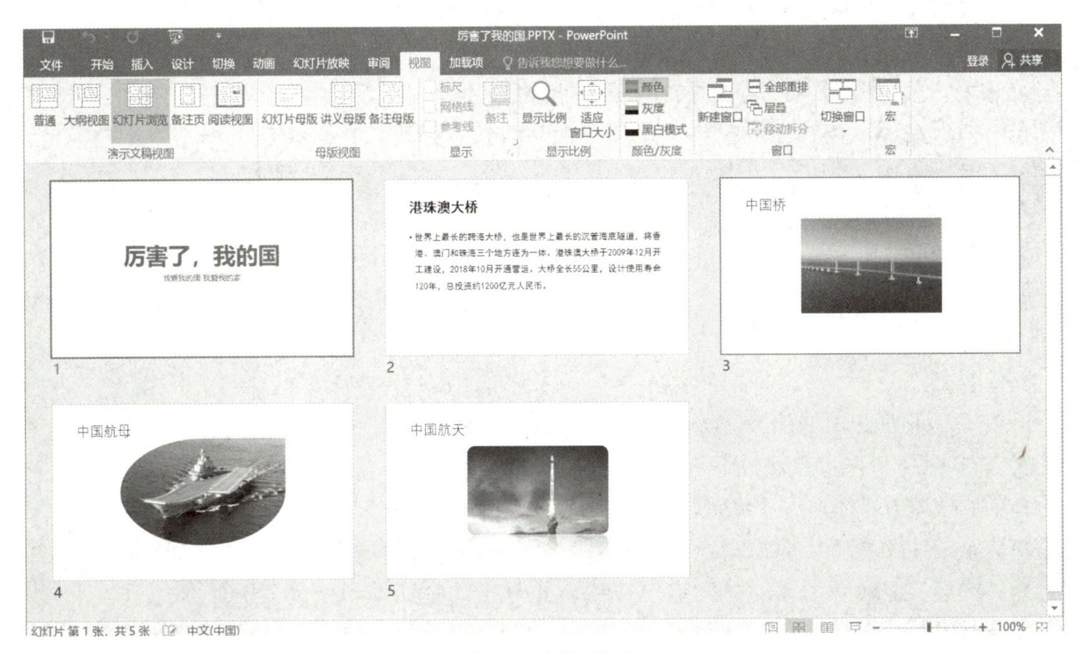

图 4-1　制作效果

3. 利用母版美化幻灯片

（1）修改幻灯片母版，将所有幻灯片的背景设置为浅粉色（RGB：251、245、238）。在所有幻灯片的右上角添加文字：“厉害了，我的国”，并设置字体格式为方正舒体、加粗、28 磅。

操作要点：

① 在“视图”选项卡的“母版视图”组中单击“幻灯片母版”按钮，在“大纲 / 幻灯片”窗格中把垂直滚动条拖到顶端，第 1 张幻灯片（最大的）才是幻灯片母版。在幻灯片母版上右击，在弹出的快捷菜单中选择“设置背景格式”命令，在弹出的窗格中选中“纯色填充”单选按钮，在“颜色”下拉菜单中选择“其他颜色”命令，在弹出的对话框中切换到“自定义”选项卡，自定义颜色模式 RGB 为 251、245、238，单击“确定”按钮。

② 选中幻灯片母版，在“插入”选项卡的“图像”组中单击“图片”按钮，在弹出的对话框中选择 D:\ 上机 \PPT\ 文字背景 .jpg。

③ 选中幻灯片母版，在“插入”选项卡的“文本”组中单击“文本框”下方的下三角按钮，在弹出的下拉菜单中选择“横排文本框”命令，绘制文本框并输入“厉害了，我的国”，设置字体格式为方正舒体、加粗、28 磅。

④ 将文本框放置在文字背景 .jpg 中的适当位置。先选中文字背景 .jpg，然后按住 Ctrl 键的同时选中文本框，在“绘图工具 / 格式”选项卡的“插入形状”组中单击“合并形状”按钮，在弹出的下拉菜单中选择“相交”命令，最后将文本框置于母版的右上角即可。

（2）修改幻灯片母版中的仅标题版式，设置标题格式为微软雅黑、40 磅、深红色、居中。

操作要点：在缩略图中找到仅标题版式，选中文本占位符并进行相应修改，完成后退出幻灯片母版视图。

4. 设置幻灯片动画

（1）设置第 1 张幻灯片的背景图片，并隐藏右上角的“厉害了，我的国”。

操作要点：

① 在“大纲 / 幻灯片”窗格中选中第 1 张幻灯片并右击，在弹出的快捷菜单中选择“设置背景格式”命令，在弹出的窗格中选中“图片或纹理填充”单选按钮，单击“文件”按钮，在弹出的对话框中找到 D:\ 上机 \PPT\ 首页背景 .jpg，单击“插入”按钮。

② 在“设置背景格式”窗格中，勾选“隐藏背景图形”复选框。

（2）设置第 1 张幻灯片标题的动画效果为“淡出”，速度为“快速”，“上一动画之后”。副标题以“飞入”效果展示，方向为“自底部”，速度为“快速”，“与上一动画同时”，并设置好“平滑开始”和“平滑结束”（非匀速飞入）。

操作要点：

① 在“动画”选项卡的“高级动画”组中单击“动画窗格”按钮，弹出“动画窗格”窗格。

② 选中标题，在“高级动画”组中单击“添加动画”按钮，在弹出的下拉菜单中选择进入动画中的“淡出”命令，“动画窗格”中出现了编号为“1”的动画，选中它并右击，在弹出的快捷菜单中选择“计时”命令，在弹出的对话框中设置“开始”为“上一动画之后”，“期间”为“快速（1 秒）”，单击“确定”按钮，此时该动画的编号变为“0”。

③ 选中副标题，在“高级动画”组中单击“添加动画”按钮，在弹出的下拉菜单中选择进入动画中的“飞入”命令，“动画窗格”中出现了编号为“1”的动画，选中它并右击，在

弹出的快捷菜单中选择“计时”命令，在弹出的对话框中设置“开始”为“与上一动画同时”，“期间”为“快速（1 秒）”；切换到“效果”选项卡，设置“方向”为“自底部”，“平滑开始”为“0.1 秒”，“平滑结束”为“0.9 秒”，如图 4-2 所示，单击“确定”按钮。

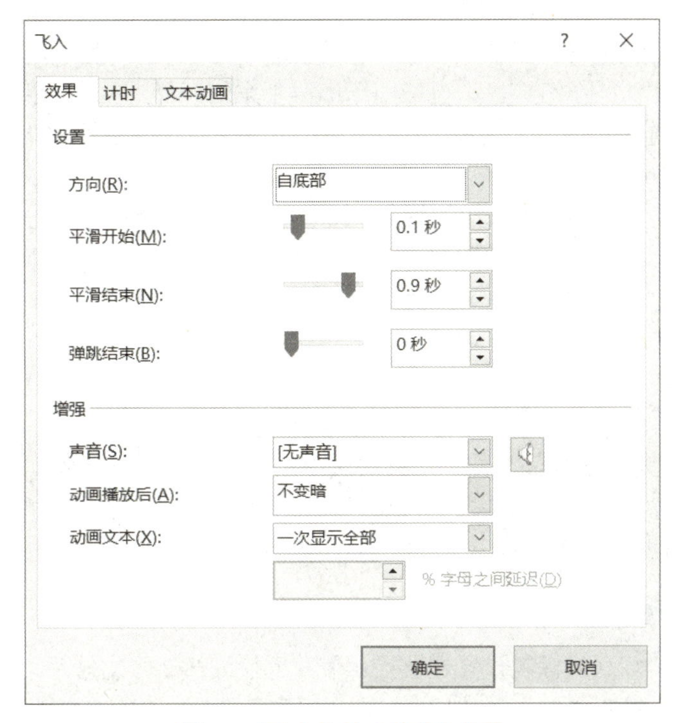

图 4-2 “飞入”的“效果”设置

（3）设置第 2 张幻灯片的文本进入动画为“出现”，在上一项之后开始，延迟 0.25 秒，并实现按字数逐个出现的效果。

操作要点：

① 选中文本，在“高级动画”组中单击“添加动画”按钮，在弹出的下拉菜单中选择进入动画中的“出现”命令，右击动画，在弹出的快捷菜单中选择“计时”命令，在弹出的对话框中设置“开始”为“上一动画之后”，“延迟”为“0.25 秒”。

② 切换到“效果”选项卡，设置“动画文本”为“按字母”，“字母之间延迟秒数”为“0.15”，单击“确定”按钮。

（4）设置第 3 张幻灯片的图片进入动画为“缩放”，在上一项之后开始。

操作要点：选中图片，在“高级动画”组中单击“添加动画”按钮，在弹出的下拉菜单中选择进入动画中的“缩放”命令，右击动画，在弹出的快捷菜单中选择“计时”命令，在弹出的对话框中设置“开始”为“上一动画之后”，单击“确定”按钮。

（5）设置第 4 张幻灯片的图片强调动画为“脉冲”，在上一项之后开始，延迟 0.25 秒。

操作要点：选中图片，在“高级动画”组中单击“添加动画”按钮，在弹出的下拉菜单中选择强调动画中的“脉冲”命令，右击动画，在弹出的快捷菜单中选择“计时”命令，在弹出的对话框中设置“开始”为“上一动画之后”，“延迟”为“0.25 秒”，单击“确定”按钮。

（6）设置第 5 张幻灯片的图片退出动画为“浮出”，在上一项之后开始，延迟 1 秒。

操作要点：选中图片，在“高级动画”组中单击“添加动画”按钮，在弹出的下拉菜单中选择退出动画中的“浮出”命令，右击动画，在弹出的快捷菜单中选择“计时”命令，在弹出的对话框中设置“开始”为“上一动画之后”，“延迟”为“1 秒”，单击“确定”按钮。

5. 设置幻灯片的切换效果

（1）将第 1 张幻灯片的切换效果设置为“涡流”，“换片方式”为单击鼠标时及间隔 3 秒。

操作要点：在“大纲 / 幻灯片”窗格中选中第 1 张幻灯片，在“切换”选项卡的“切换到此幻灯片”组中选择“涡流”选项，在“计时”组中勾选“单击鼠标时”复选框，并设置自动换片时间为“3 秒”。

（2）将第 2 张幻灯片的切换效果设置为“平移”，“换片方式”为单击鼠标时及间隔 6 秒。

操作要点：在“大纲 / 幻灯片”窗格中选中第 2 张幻灯片，在“切换”选项卡的“切换到此幻灯片”组中选择“平移”选项，在“计时”组中勾选“单击鼠标时”复选框，并设置自动换片时间为“6 秒”。

（3）将第 3、4、5 张幻灯片的切换效果设置为“页面卷曲”，“换片方式”为单击鼠标时及间隔 3 秒。

操作要点：在“大纲 / 幻灯片”窗格中同时选中第 3、4、5 张幻灯片，在“切换”选项卡的“切换到此幻灯片”组中选择“页面卷曲”选项，在“计时”组中勾选“单击鼠标时”复选框，并设置自动换片时间为“3 秒”。

6. 超链接的创建

（1）为第 3 张幻灯片的标题设置超链接，使其链接到第 2 张幻灯片。

操作要点：选中第 3 张幻灯片的标题，在“插入”选项卡的“链接”组中单击“超链接”按钮，在弹出的对话框中单击“本文档中的位置”按钮，在“请选择文档中的位置”选区中单击第 2 张幻灯片的标题，单击“确定”按钮即可。

（2）在第 4 张幻灯片的右下角插入一个动作按钮，并将其链接到第 1 张幻灯片。

操作要点：在“插入”选项卡的“插图”组中单击“形状”按钮，在弹出的下拉菜单中选择“动作按钮”→“动作按钮：第一张”命令，在第 4 张幻灯片的右下角单击，在弹出的对话框中单击“确定”按钮。

（3）在第 1 张幻灯片中插入一个声音文件，使其在所有幻灯片播放完毕后停止，并设置为“放映时隐藏”。

操作要点：选择第 1 张幻灯片，在“插入”选项卡的“媒体”组中单击“音频”按钮，在弹出的下拉菜单中选择“PC 上的音频”命令，在弹出的对话框中选择 D:\ 上机 \PPT\music.mp3，单击“插入”按钮。在“动画窗格”中选中编号为“1”的动画并右击，在弹出的快捷菜单中选择“效果选项”命令，在弹出的对话框中设置“开始播放”为“从头开始”，“停止播放”为“在第 5 张幻灯片后”，单击“确定”按钮。在“音频工具 / 播放”选项卡的“音频选项”组中勾选“放映时隐藏”复选框。

7. 设置演示文稿的放映方式

（1）将演示文稿的放映方式设置为“观众自行浏览”，并选择“循环放映，按 Esc 键终止”选项。

操作要点：在“幻灯片放映”选项卡的“设置”组中单击“设置幻灯片放映”按钮，在弹出的“设置放映方式”对话框中设置“放映类型”为“观众自行浏览”，“放映选项”为“循环放映，按 Esc 键终止”，单击“确定”按钮。

（2）设置自定义放映，顺序为第 1 张、第 3 张、第 5 张、第 4 张，并设置幻灯片放映名称为“国家富强”。

操作要点：在“幻灯片放映”选项卡的“开始放映幻灯片”组中单击“自定义幻灯片放映”按钮，在弹出的下拉菜单中选择“自定义放映”命令，在弹出的对话框中单击“新建”按钮，在弹出的“定义自定义放映”对话框中输入幻灯片放映名称“国家富强”，在“在演示文稿中的幻灯片”选区中勾选“幻灯片 1”“幻灯片 3”“幻灯片 4”“幻灯片 5”复选框后，单击“添加”按钮，在“在自定义放映中的幻灯片”选区中选中“幻灯片 5”，单击“向上”按钮即可完成。

本实验制作效果如图 4-3 所示。

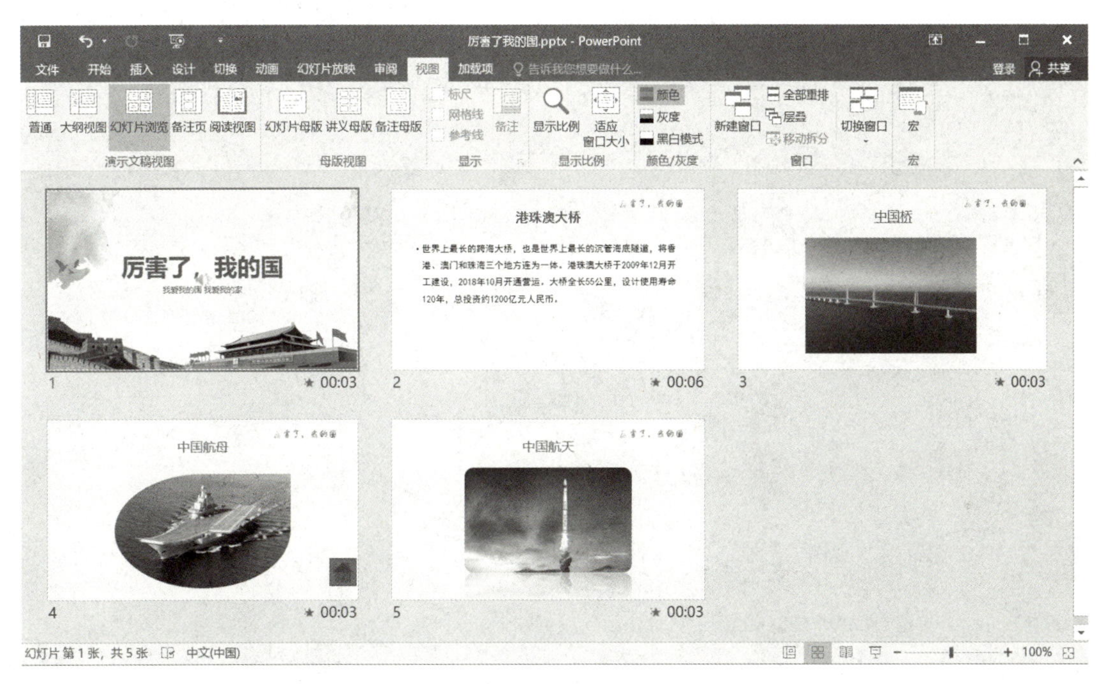

图 4-3　制作效果

三、自我训练——制作“个人简介”演示文稿

本实验将制作一个“个人简介”演示文稿，由 4 张幻灯片组成。

1. 基本编辑

（1）第 1 张幻灯片为封面，在标题处输入“××× 个人简介”。

（2）在第 2 张幻灯片中输入个人基本情况，并插入你喜欢的图片或剪贴画。

（3）在第 3 张幻灯片中输入兴趣爱好及能力特长等。

（4）在第 4 张幻灯片中输入未来的目标规划。

（5）自行设置幻灯片中文字的字体、字号、颜色，以及幻灯片的背景或配色方案。

（6）在演示文稿中加入日期、页脚和幻灯片编号。

2. 效果与播放设置

（1）将所有幻灯片标题的动画效果设置为“放大 / 缩小”，声音设置为“打字机”；文本的动画效果设置为“形状”；对象启动方式为“单击时”。

（2）将所有幻灯片的时间顺序调整为：标题先出现，正文随后出现，图片最后出现。

（3）将所有幻灯片的切换效果设置为“溶解”，“换片方式”为单击鼠标时及间隔 3 秒。

（4）为第 1 张幻灯片的标题设置超链接，使其链接到某个 Word 文档。

（5）在第 2 张幻灯片的底部插入一个动作按钮，使其链接到最后一张幻灯片。

（6）在第 1 张幻灯片中插入一个影片文件，并设置为自动播放影片。

（7）设置自定义放映，顺序为第 3 张、第 2 张、第 1 张，并设置幻灯片放映名称为“个人简介”。

第5章 网络与信息安全实验

本章的教学目标是使学生掌握简单网络命令的基础知识、收发邮件的基本方法和杀毒软件的使用方法，并能综合运用网络知识解决实际问题。本章的主要内容包括网络命令的基本操作方法、IP 地址和 DNS 的设置方法、电子邮件的收发方法、另存网页文件的方法及杀毒软件的使用方法等。

实验 网络命令、邮件发送与杀毒软件的使用

一、实验目的

（1）掌握 ping 命令的使用方法。
（2）掌握 ipconfig 命令的使用方法。
（3）掌握 IP 地址和 DNS 的设置方法。
（4）掌握使用 Outlook Express 发送或保存邮件的方法。
（5）掌握另存网页文件的方法。
（6）掌握 360 杀毒软件的简单使用方法。

二、实验内容

1. 使用 ping 命令查看网络连通性

（1）打开“命令提示符”窗口。
操作要点：单击“开始”按钮，在搜索框中输入“cmd”，系统会自动搜索到 cmd 程序，按 Enter 键即可进入“命令提示符”窗口。

（2）在“命令提示符”窗口中输入“ping 127.0.0.1”命令，按 Enter 键，如图 5-1 所示。

```
C:\windows\system32\cmd.exe
Microsoft Windows [版本 10.0.16299.431]
(c) 2017 Microsoft Corporation。保留所有权利。

C:\windows\system32>ping 127.0.0.1

正在 Ping 127.0.0.1 具有 32 字节的数据:
来自 127.0.0.1 的回复: 字节=32 时间<1ms TTL=128
来自 127.0.0.1 的回复: 字节=32 时间<1ms TTL=128
来自 127.0.0.1 的回复: 字节=32 时间<1ms TTL=128
来自 127.0.0.1 的回复: 字节=32 时间<1ms TTL=128

127.0.0.1 的 Ping 统计信息:
    数据包: 已发送 = 4，已接收 = 4，丢失 = 0 (0% 丢失)，
往返行程的估计时间(以毫秒为单位):
    最短 = 0ms，最长 = 0ms，平均 = 0ms

C:\windows\system32>
```

图 5-1　ping 命令示意图

2. 使用 ipconfig 命令显示 IP 的具体配置

操作要点：在“命令提示符”窗口中输入“ipconfig /all”命令，按 Enter 键，如图 5-2 所示。

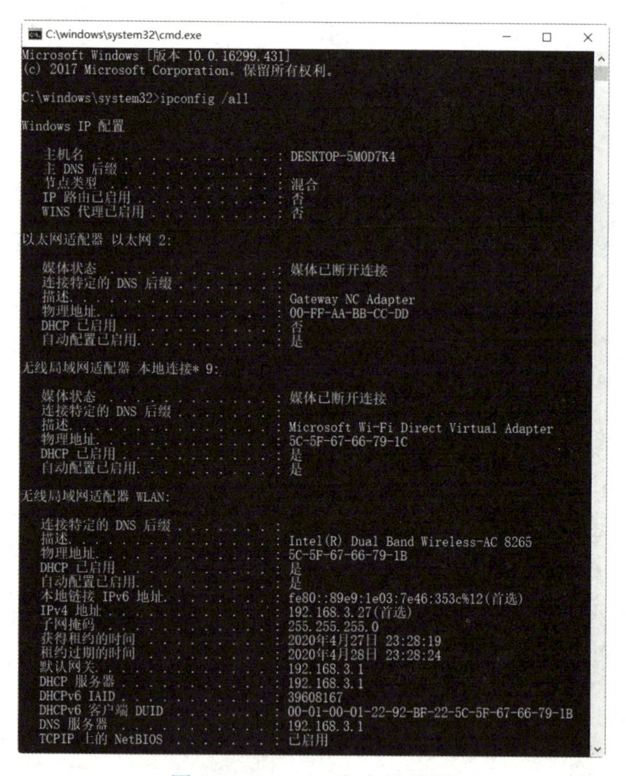

图 5-2　ipconfig 命令示意图

3. 设置计算机的 IP 地址和 DNS

操作要点：右击桌面右下角的图标或图标，在弹出的快捷菜单中选择“打开网络和

Internet 设置”→“网络和共享中心”→“连接：以太网”或“连接：WLAN”→“属性”命令，在弹出的对话框中双击“Internet 协议版本 4（TCP/IPv4）”，可以在弹出的对话框中按照如图 5-3 所示进行设置。

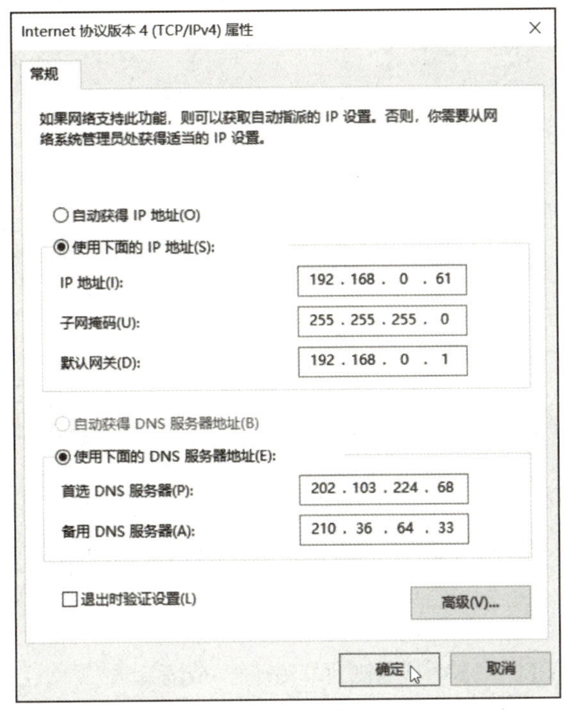

图 5-3　TCP 与 IP 属性设置

- 在“IP 地址”文本框中输入“192.168.0.61”。
- 在“子网掩码”文本框中输入“255.255.255.0”。
- 在“默认网关”文本框中输入“192.168.0.1”。
- 在“首选 DNS 服务器”文本框中输入“202.103.224.68”。
- 在“备用 DNS 服务器”文本框中输入“210.36.64.33”。

4. 使用 Outlook Express 发送邮件

先从 Internet 服务提供商（ISP）那里得到如下信息：邮件服务器名、账号名、密码，以及接收和发送邮件的服务器名。

打开 Outlook Express 后进行下列操作。

（1）添加邮件账号。

操作要点：

① 选择“工具”→“账户”命令，在弹出的对话框中选择“添加”→“邮件”选项，在弹出的“姓名”对话框中输入姓名，单击“下一步”按钮。

② 在“电子邮件地址”文本框中输入类似 john@163.com 的邮件地址，单击“下一步”按钮。

③ 在“接收邮件服务器”和“发送邮件服务器”文本框中分别输入用户的 ISP 接收邮件服务器的地址 pop.163.com 或 imap.163.com，以及发送邮件服务器的地址 smtp.163.com，单击“下一步”按钮。

④ 在“Internet Mail 登录”界面中分别输入 163 免费邮箱提供商提供给用户的账户名称和密码，单击“下一步”按钮。

⑤ 单击“完成”按钮。

（2）写邮件。

操作要点：

① 选择“文件”→“新建”→“邮件”命令，或者单击工具栏中的“创建邮件”按钮。

② 在“新邮件”窗口的“收件人”文本框中输入收件人的邮箱地址，在“主题”文本框中输入邮件主题。

③ 在“抄送”文本框中输入其他收件人的邮箱地址（也可以不填，若要抄送多个收件人，则输入多个邮箱地址，并用分号分隔），从而将一份邮件同时发送给多个收件人。

（3）插入附件。

操作要点：

① 在“新邮件”窗口中选择“插入”→“文件附件”命令，或者单击工具栏中的“为邮件附加文件”按钮，在弹出的“插入附件”对话框中选择要插入的文件，并单击“附件”按钮。此时，“主题”下方增加了一行“附件”，在“附件”文本框中显示了刚才插入的文件。

② 使用同样的方法可以在一个邮件中插入多个附件，也可以一次性插入若干个附件，方法是在“插入附件”对话框中按住 Ctrl 键（不连续选择）或 Shift 键（连续选择），同时选择要插入的多个文件。

（4）发送邮件。

操作要点：选择“文件”→“发送邮件”命令，或者单击工具栏中的“发送”按钮。

（5）接收邮件。

操作要点：打开 Outlook Express，选择“工具”→“发送和接收”→“接收全部邮件”命令。

（6）保存新写的邮件。

如果不想发送新写的邮件，而是将其保存到硬盘中，则可以按如下方法进行操作。

操作要点：在如图 5-4 所示的新邮件窗口中选择“文件”→“另存为”命令，在弹出的对话框中选择想要保存的位置并输入文件名后，单击“保存”按钮。

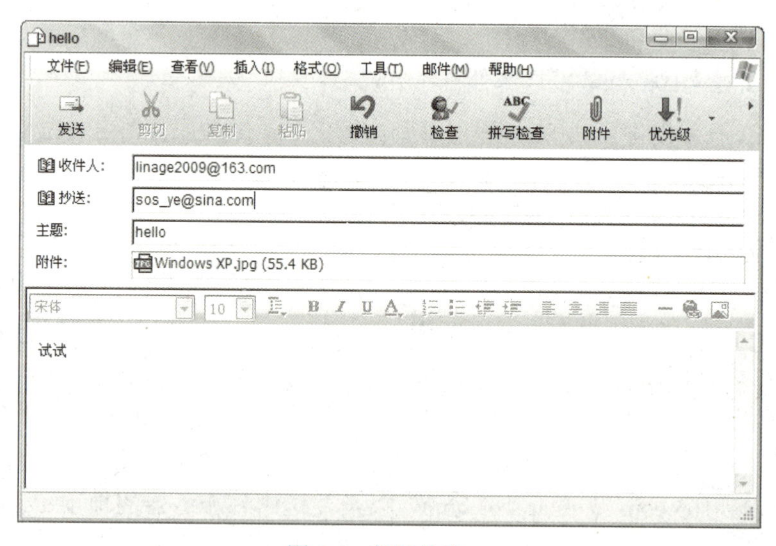

图 5-4　新邮件窗口

5. 另存网页文件

操作要点：

① 在 IE 浏览器中打开新浪网主页。

② 选择“文件”→“另存为”命令，弹出“保存网页”对话框，在“保存在”下拉列表中选择 D 盘，“保存类型”可以设置为以下 4 种格式之一，即“网页，全部 (*.htm;*.html)”“Web 档案，单一文件 (*.mht)”“网页，仅 HTML(*.htm;*.html)”“文本文件 (*.txt)”，如图 5-5 所示。

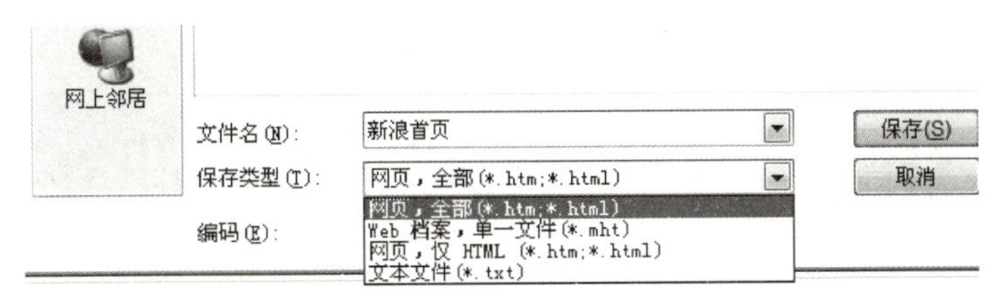

图 5-5　另存网页文件

③ 单击“保存”按钮。

6. 杀毒软件的使用

下面以 360 杀毒软件为例，介绍杀毒软件的使用方法。

操作要点：打开 360 杀毒软件。

① 单击界面中的“快速扫描”图标。

② 单击界面中的“全盘扫描”图标。

③ 单击界面中的“自定义扫描”图标，并勾选“本地磁盘（C:）”前的复选框，单击“确定”按钮。

三、自我训练

在 D 盘下新建一个 aa.docx 文件。

（1）使用 ping 命令验证与同一机房中某计算机的连接情况。

（2）记录本机 IP 地址和本机 DNS 服务器地址。

本机 IP 地址	
本机 DNS 服务器地址	

（3）打开百度网页，将该网页分别保存为以下几种格式：①网页，全部 (*.htm;*.html)，② Web 档案，单一文件 (*.mht)，③网页，仅 HTML(*.htm;*.html)，④文本文件 (*.txt)。

（4）打开 360 杀毒软件，插入 U 盘，使用“自定义扫描”查杀 U 盘病毒。

Python 开发环境和基础实验

本章的教学目标是使学生掌握 Python IDLE 集成开发环境的基本用法和使用 pip 命令安装 Python 第三方库的基本方法。本章的主要内容包括 Python 程序的基本开发环境和 Python 第三方库的安装过程。

实验 Python 开发环境和基础

一、实验目的

（1）体验使用 Python 编写程序，并掌握 Python IDLE 集成开发环境的基本用法。

（2）掌握使用 pip 命令安装 Python 第三方库的基本方法。

二、实验内容

1. Python 程序初体验

（1）在命令行中开发 Python 程序。

编写 Python 代码使其在命令行输出“Hello World”。

操作要点：

① 单击“开始”按钮，在搜索框中输入“cmd”，按 Enter 键即可打开“命令提示符”窗口。

② 在“命令提示符”窗口中输入“Python”，按 Enter 键即可进入 Python 环境，如图 6-1 所示。

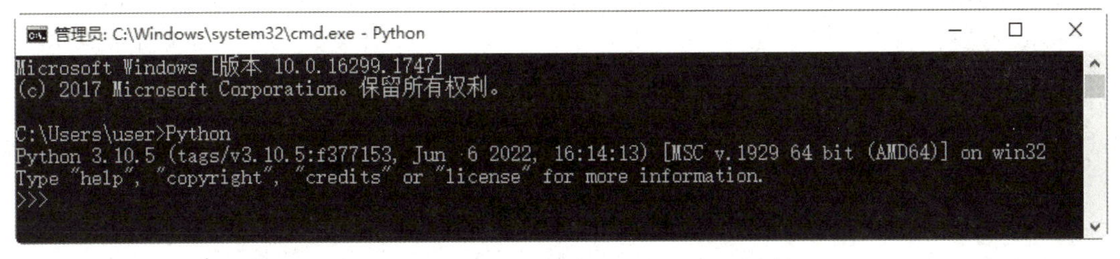

图 6-1 “命令提示符”窗口中的 Python 环境

③ 在“>>>”符号后输入 Python 代码：print("Hello World")，按 Enter 键运行代码，运行结果如图 6-2 所示。

```
管理员: C:\Windows\system32\cmd.exe - Python
(c) 2017 Microsoft Corporation。保留所有权利。

C:\Users\user>Python
Python 3.10.5 (tags/v3.10.5:f377153, Jun  6 2022, 16:14:13) [MSC v.1929 64 bit (AMD64)] on win32
Type "help", "copyright", "credits" or "license" for more information.
>>> print("Hello World")
Hello World
>>>
```

图 6-2　在命令行输出“Hello World”

注意：如果要在命令行中退出 Python 运行环境，那么可以在“>>>”符号后输入 Python 代码：exit()，按 Enter 键运行代码，即可返回命令行环境。

（2）使用文本编辑器开发 Python 程序。

使用文本编辑器编写 Python 代码，实现在命令行输出“Hello”“World”两个单词，并使其位于不同的行。

操作要点：

① 在 E:\ 创建一个文本文档，并命名为 pyone.txt。

② 在 pyone.txt 文件中输入以下内容，并将其另存为 pyone.py 文件。

```
print("Hello")
print("World")
```

③ 启动命令提示符窗口，并输入“E:”，按 Enter 键，在“E:\>”后输入“python pyone.py”，再次按 Enter 键，完成用 Python 命令去执行这个文件，运行结果如图 6-3 所示。

图 6-3　在命令行执行 pyone.py 文件

用命令行编写 Python 程序，每次仅能执行一条代码；用文本编辑器编写 Python 代码，可以实现一次性运行多行代码。在实际工作中，很少有直接在命令行或文本编辑器上编写代码的情况，开发人员一般都在集成开发环境（IDLE）中进行编程。

（3）在 IDLE 中开发 Python 程序。

① 在 IDLE 中编写代码，并输出“Hello World”。

操作要点：选择“开始”→“所有程序”→“Python 3.10.5”→“IDLE”命令，IDLE 开始运行，在“>>>”符号后输入 print("Hello World")，运行结果如图 6-4 所示。

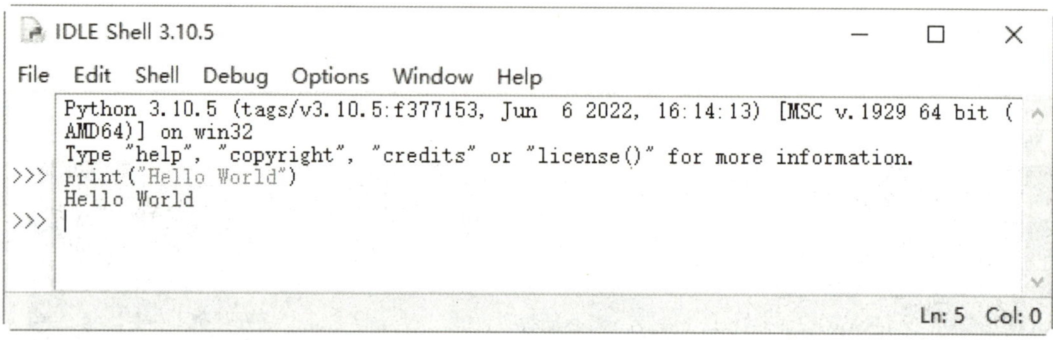

```
IDLE Shell 3.10.5
File  Edit  Shell  Debug  Options  Window  Help
Python 3.10.5 (tags/v3.10.5:f377153, Jun  6 2022, 16:14:13) [MSC v.1929 64 bit (
AMD64)] on win32
Type "help", "copyright", "credits" or "license()" for more information.
>>> print("Hello World")
Hello World
>>> |
Ln: 5  Col: 0
```

图 6-4　IDLE Shell 运行结果

② 在 IDLE 中编写代码，实现逐行输出党的二十大主题的效果。

当需要编写多行代码时，可以单独创建一个文件用于保存这些代码，在全部编写完成后一起执行即可。

操作要点：

在 IDLE 主窗口的菜单栏中，选择“File”→“New File”命令，会打开一个新窗口，在该窗口的菜单栏中依次选择“File”→“Save”命令（或者按 Ctrl+S 快捷键），以 theme.py 命名并保存，再输入以下程序：

```
print("高举中国特色社会主义伟大旗帜")
print("全面贯彻习近平新时代中国特色社会主义思想")
print("弘扬伟大建党精神")
print("自信自强")
print("守正创新")
print("踔厉奋发")
print("勇毅前行")
print("为全面建设社会主义现代化国家")
print("全面推进中华民族伟大复兴而团结奋斗")
```

在编写完程序后，按 Ctrl+S 快捷键保存文件，然后在菜单栏中选择“Run”→“Run Module”命令（也可以直接按 F5 键），运行程序。程序运行后，将打开 IDLE Shell 窗口并显示运行结果，如图 6-5 所示。

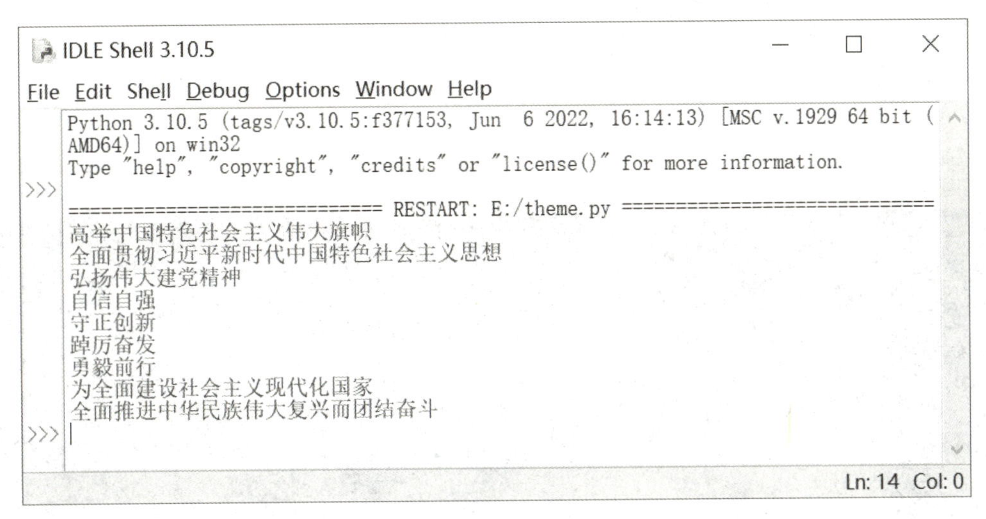

图 6-5　theme.py 文件运行结果

2. 使用 pip 命令安装 Python 第三方库

（1）使用 pip 命令安装 NumPy 库。

操作要点：启动“命令提示符”窗口，输入代码“pip install numpy”，按 Enter 键后系统将自动安装，安装成功后系统会提示“Successfully installed numpy-1.23.1”（1.23.1 为 NumPy 的版本号）。

（2）查看已安装的库。

操作要点：在“命令提示符”窗口中输入“pip list”，按 Enter 键即可查看当前 Python 中安装的所有库，查询结果如图 6-6 所示。

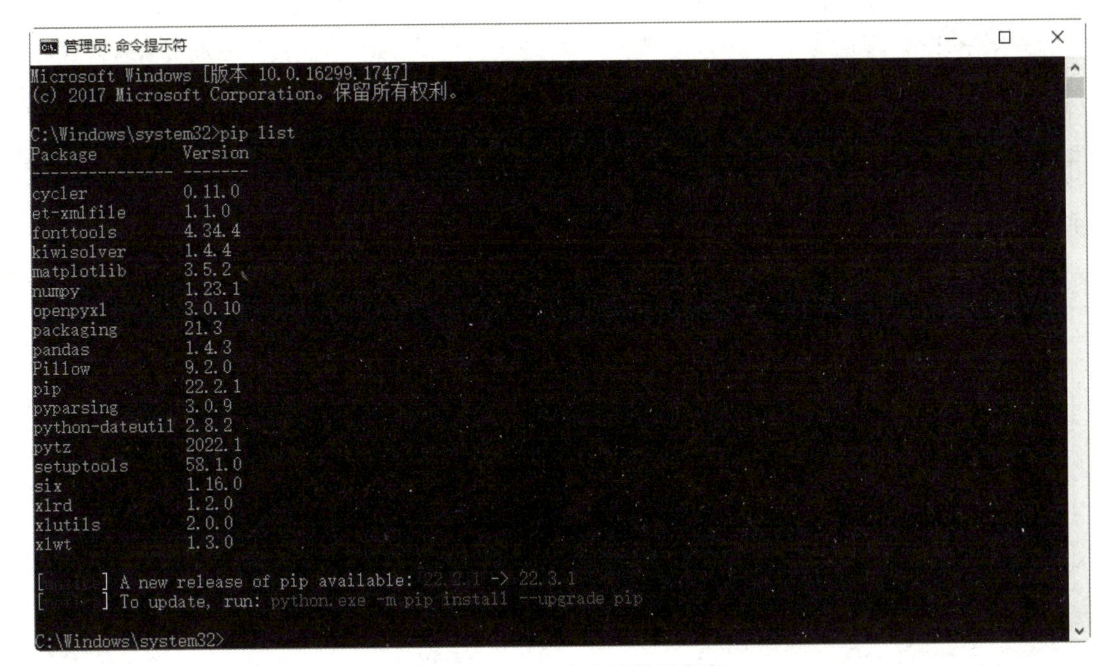

图 6-6　Python 中安装的所有库

（3）查看 NumPy 的详细信息。

操作要点：在“命令提示符”窗口中输入“pip show numpy”，按 Enter 键即可查看 NumPy 的详细信息，查询结果如图 6-7 所示。

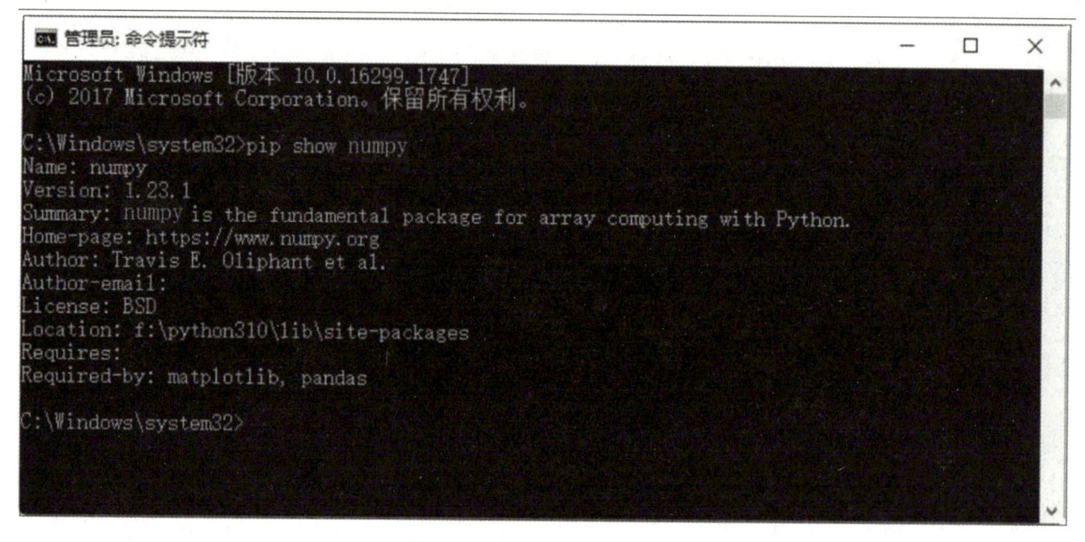

图 6-7　NumPy 的详细信息

（4）卸载已安装的库。

操作要点：在“命令提示符”窗口中输入“pip uninstall numpy”，按 Enter 键后出现“Proceed(Y/n)?”，询问是否删除包，输入“Y”，系统将自动卸载 NumPy，卸载成功后系统会提示“Successfully uninstalled numpy-1.23.1”（1.23.1 为 NumPy 的版本号）。

三、自我训练

（1）编写一个简单的 Python 程序，输出你的个人信息（姓名、性别、专业、班级、爱好、学习计划等）。

（2）请使用 pip 命令安装 Python 常用的第三方库。比如，Pandas、scapy、Matplotlib、jieba、wordcloud 等。

Python 程序控制结构实验

Python 有三大控制结构，分别为顺序结构、分支结构和循环结构，绝大部分项目或算法都可以使用这 3 种结构来设计。本章的主要内容包括顺序、分支和循环三大控制结构的基本流程及使用方法。通过本章的学习，学生能够基本掌握这 3 种控制结构的基本流程，也能正确选择并运用适当的控制结构来解决实际问题。

实验 1　顺序结构

一、实验目的

（1）掌握数据输入和输出的基本方法。
（2）理解顺序结构程序中语句的执行过程。
（3）掌握顺序结构程序的设计方法。

二、实验内容

（1）下面这段程序实现的功能是：从键盘上输入两个数 x、y，求出 x、y 的和，并将其赋值给 z，最后输出这 3 个数的和。请在横线处填入正确的语句，并上机调试验证。

```
x=eval(input())          # 从键盘上输入字符串，用 eval() 转换为数值型数据并赋值给 x
y=______________         # 从键盘上输入字符串，用 eval() 转换为数值型数据并赋值给 y
z=______________         # 将 x、y 的和赋值给 z
print(____________)      # 输出 3 个数的和
```

（2）下面这段程序实现的功能是：输入圆的半径，半径为20，根据圆的半径计算圆的面积并输出 (π=3.14159)，结果保留 2 位小数。请在横线处填入正确的语句，并上机调试验证。

```
_______________          # 圆的半径（radius）为 20
area=__________          # 圆的面积计算表达式
print__________          # 输出只有 2 位小数的结果
```

（3）下面这段程序实现的功能是：先从键盘上依次输入 3 个整数并赋值给 a、b、c，然后将 a 原来的值赋给 b，将 b 原来的值赋给 c，将 c 原来的值赋给 a，最后输出 a、b、c 的值。请在横线处填入正确的语句，并上机调试验证。

```
a=int(input())           # 将键盘上输入的字符串转换为整数形式并赋值给 a
b=_____________          # 将键盘上输入的字符串转换为整数形式并赋值给 b
c=_____________          # 将键盘上输入的字符串转换为整数形式并赋值给 c
temp=c                   # 将 c 的值赋给中间变量 temp
_______________          # 将 b 的值赋给 c
_______________          # 将 a 的值赋给 b
_______________          # 将 temp 的值赋给 a
print(a,b,c)             # 输出 a、b、c 的值
```

三、自我训练

（1）从键盘上输入两个数 x、y，并求出 x、y 的乘积，请编程实现该要求。

（2）在上述题目（2）中，影响准确性的因素有哪些？圆周率的精确度？结果保留的小数位数？如果将输出结果保留 5 位小数，那么结果是什么？请编程实现该要求。

实验 2　分支结构

一、实验目的

（1）掌握 Python 简单 if 条件语句的语法。

（2）灵活运用 if...else 语句和 if...elif 语句构造选择结构。

二、实验内容

（1）下面这段程序实现的功能是：输入一个 3 位及以上的整数（如果不是 3 位数，则提示“输入错误，请按要求输入”），输出其百位及以上的数字。例如，若用户输入 1024，则程序输出 10。请在横线处填入正确的语句，并上机调试验证。

```
x=eval(input("请输入一个大于 99 的整数："))     # 从键盘上输入整数并赋值给 x
if_____________                                # 判断输入是否有误
```

```
    print("输入错误，请按要求输入");                    # 按要求输出提示
else:
    y=________________                                 # 除 100 取整并赋值给 y
print(y)                                               # 输出 y 的值
```

（2）下面这段程序实现的功能是：已知本次党建知识竞赛的百分制分数 mark，现将其转换为等级制。要求：如果输入的分数在 90 分以上（含 90 分），那么输出 A；80 ～ 90 分（不含 90 分）输出 B；70 ～ 80 分（不含 80 分）输出 C；60 ～ 70 分（不含 70 分）输出 D；60 分以下输出 E。请在横线处填入正确的语句，并上机调试验证。

```
mark=eval(input("请输入你的分数:"))                 # 从键盘上输入字符串并赋值给 mark
if mark>=90:                                       # 如果分数大于或等于 90
    print("该成绩为 A")                            # 输出“该成绩为 A”
elif__________                                     # 如果分数大于或等于 80 且小于 90
    print("该成绩为 B")                            # 输出“该成绩为 B”
elif__________                                     # 如果分数大于或等于 70 且小于 80
    print("该成绩为 C")                            # 输出“该成绩为 C”
elif__________                                     # 如果分数大于或等于 60 且小于 70
    print("该成绩为 D")                            # 输出“该成绩为 D”
________                                           # 如果分数小于 60
    ________________                               # 输出“该成绩为 E”
```

（3）下面这段程序实现的功能是：输出“水仙花数”。所谓水仙花数是指一个 3 位的十进制整数，其每个位上的数字的立方和等于该数本身。例如，153 是水仙花数，因为 153=1^3+5^3+3^3。请在横线处填入正确的语句，并上机调试验证。

```
n=int(input("请输入一个三位数:"))                  # 从键盘上输入数字并赋值给 n
if____________                                     # 判断是否为三位数
    print("输入错误")                              # 如果不是三位数，则输出“输入错误”
else:                                              # 如果是三位数，则判断是否为水仙花数
    a=n%10                                         # 求个位数字
    b=__________                                   # 求十位数字
    c=__________                                   # 求百位数字
if____________                                     # 运用公式判断，如果结果相等
    print("n 是水仙花数")                          # 输出“n 是水仙花数”
__________                                         # 如果结果不等
    print("n 不是水仙花数")                        # 输出“n 不是水仙花数”
```

三、自我训练

（1）在上述题目（1）中，如果要求百位以上每个位上的数字之和应该怎么办？请编程实现该要求。

（2）在上述题目（3）中，如果要求找出 1000 以内的所有水仙花数应该怎么办？请编程实现该要求。

实验 3　循环结构

一、实验目的

（1）了解循环语句的使用场景。
（2）掌握 for 和 while 两种循环语句的语法。
（3）灵活使用 break 语句和 continue 语句。
（4）了解多重循环的工作机制。

二、实验内容

（1）for 循环语句的使用。下面这段程序实现的功能是：求 1 ～ 100 累加的结果并输出。请在横线处填入正确的语句，并上机调试验证。

```
result=0                  # 定义一个变量 result，用于保存累加的结果，并赋初值为 0
for____________           # 定义一个变量 i 来逐个获取 1 ～ 100
    ____________          # 累加操作
print(result)             # 输出 result 的值
```

（2）while 循环语句的使用。下面这段程序实现的功能是：求 1 ～ 100 累加的结果并输出。请在横线处填入正确的语句，并上机调试验证。

```
sum=0                     # 定义一个辅助变量 sum，用于保存累加的结果，并赋初值为 0
i=1                       # 定义条件变量 i，并赋值为 1
while____________         # 增加 while 条件
    ____________          # 完成累加
    ____________          # 改变条件变量
print(sum)                # 输出最终结果
```

（3）循环保留字 break 的使用。下面这段程序实现的功能是：从列表 lst=[1,3,5,7,9,11,13,15,17,19] 中找出一个大于 10 的数字并输出。请在横线处填入正确的语句，并上机调试验证。

```
lst=[1,3,5,7,9,11,13,15,17,19]     # 定义一个列表并赋值
for____________                    #for 循环条件
    ____________                   # 判断是否符合条件，若符合，则跳出循环
print(item)                        # 输出 item 的值
```

（4）循环保留字 continue 的使用。下面这段程序实现的功能是：在 for 循环中使用 continue 语句计算 1 ～ 100（不含 100）的偶数和，并输出结果。请在横线处填入正确的语句，并上机调试验证。

```
s=____________            # 定义一个变量 s，用于保存累加的结果，并赋初值为 0
```

```
for______________              #for 循环条件
        ____________           # 判断是否满足条件
          __________           # 继续下一次循环
        ____________           # 累加偶数的和
print(s)                       # 输出最终结果
```

（5）多重循环的使用。下面这段程序实现的功能是：找出 2 ～ 100 内所有的素数。素数的定义：除了 1 和它本身不再有其他的因数。请在横线处填入正确的语句，并上机调试验证。

```
i=2                                # 定义一个变量 i，并赋值为 2
while(i<100)                       # 增加 while 条件，外层循环
    j=2                            # 定义一个变量 j，并赋值为 2
    while (__________)             # 增加 while 条件，内层循环
            if not (i%j):          # 判断 i 是否能被 j 整除
              break                # 若符合条件，则跳出循环
       j=j+1                       # 表示自增
    if(____________)               # 如果 j>i/j 为真，那么表示 i 不能被 j 整除，i 为素数
       print(i)                    # 输出 i 的值
    i=i+1                          # 表示自增
```

三、自我训练

（1）在 Python 中，for 循环和 while 循环的区别是什么？

（2）在进行多重循环时，break 语句和 continue 语句在哪一层循环起作用？

（3）在上述题目（5）中，要求将 while 循环改为 for 循环，并找出 2 ～ 100 内所有的素数，请编程实现该要求。

Python 函数实验

本章的教学目标是使学生熟练掌握函数定义的具体方法和函数调用的具体机制，理解函数中参数的作用，学习传递参数的各种方式，以及掌握函数的递归调用和变量的作用域。本章的主要内容包括函数的定义和调用、变量的作用域及函数的递归调用。

实验 Python 的函数

一、实验目的

（1）掌握函数的定义和调用方法。
（2）理解函数中参数的作用，学习传递参数的各种方式。
（3）理解函数的递归调用。
（4）理解全局变量与局部变量的特点。

二、实验内容

（1）下列程序的功能是：从键盘接收半径 r，并输出圆的周长 c=2×3.14×r。请在横线处填入合适的语句。

```
def cir(r):
    ________________
    print('圆的周长是',c)
a=int(input('请输入圆的半径：'))
________________
```

（2）下列程序的功能是：输入各门课的成绩（按 q 或 Q 结束），并求出输入成绩的平均分。请在横线处填入合适的语句。

```
def avg(list1):
    sum=0
    for i in list1:
        ______________
    n=len(list1)
    result=sum/n
    print('平均成绩为：',result)
a=[]
score="
while score!='q':
    score=input('请输入各门课的成绩（按 q 或 Q 结束）：')
    if score=='q'or score=='Q':
        score='q'
    _____
        score=float(score)
        ____________________
___________________
```

（3）请写出下列程序的运行结果。

```
def fun():
        global a
        a=2
        a=a*2
        print(a)
    a=1
    fun()
    print(a)
```

程序的运行结果是________________________。

如果把程序中的 global a 语句删除，那么程序的运行结果是____________________。

```
def changelist(list2):
        list2.append('勇毅前行')
        print('函数内的值：',list2)
    list1=['自信自强','守正创新','踔厉奋发']
    changelist(list1)
    print('函数外的值：',list1)
```

程序的运行结果是________________________。

（4）下列程序的功能是：从键盘接收一个正整数 n，并输出 S=1+2+…+n。请在横线处填入合适的语句。

```
def sum(n):
    if n==0:
        return 0
    else:
        return____________________
n=int(input('请输入正整数n:'))
print('1+2+…+n的计算结果为：',____________)
```

（5）编写一个函数，计算体重指数（BMI），BMI=w/h^2。若BMI<18.5，则提示“偏瘦”；若18.5 ≤ BMI<24，则提示“正常”；若24 ≤ BMI<28，则提示“偏胖”；若BMI ≥ 28，则提示“肥胖”。使用下面的函数头编写程序，提示用户输入体重w（千克）和身高h（米），调用函数，输出结果。

```
def  bmi(w,h):
```

（6）编写一个函数，用递归计算n的k次幂（n与k均为正整数）。使用下面的函数头编写程序，提示用户输入正整数n与k，调用函数，输出n的k次幂。

```
def funpow(n,k):
```

三、自我训练

（1）定义一个函数，从键盘接收 h 和 w 两个正整数，并打印由 * 组成的 h 行 w 列矩形图案。

（2）编写一个函数，用海伦公式求三角形的面积。半周长 $p=(x+y+z)/2$，三角形面积 $s=\text{sqrt}(p(p-x)(p-y)(p-z))$。

编写程序，提示用户输入的3个数为三角形的3个边长，如果3个数不能构成一个三角形（三角形任意两边之和大于第三边），则提示相应信息，否则计算三角形的面积并输出。

注意：只有使用import math语句导入math模块，才能使用sqrt函数。

（3）什么是函数？为什么需要函数？

（4）全局变量与局部变量有什么不同？

（5）在Python中调用函数时，参数有哪些传递方式？

第9章

Python模块、包和库的使用实验

本章的教学目标是使学生掌握第三方库的安装方法，基本掌握turtle库、random库、jieba库和wordcloud库的常用函数，并能够应用第三方库解决实际问题。本章的主要内容包括第三方库的安装、利用第三方库绘制简单图形、解决随机问题、对文档进行词频分析及生成词云文件等。

实验　Python模块、包和库的使用

一、实验目的

（1）掌握模块导入的方法，熟悉第三方库的安装。
（2）熟悉turtle库的常用函数。
（3）熟悉random库的常用函数。
（4）学习jieba库和wordcloud库的使用。

二、实验内容

（1）如果想查看已经安装的第三方模块，可以在命令行窗口中输入：__________。
（2）使用pip安装jieba库的命令是________________。
（3）使用pip安装wordcloud库的命令是________________。
（4）Python在英文中有“巨蟒”的意思，请试着使用turtle库的turtle.seth()、turtle.fd()、turtle.circle()等函数绘制彩色的蟒蛇图案，并使用turtle.write()函数写入“我要学Python！”，效果如图9-1所示。请在横线处填入正确的语句，并上机调试验证。

```
___________________                          # 引入 turtle 库
turtle.setup(800,400)
turtle.penup()                                # 抬起画笔
turtle.goto(-250,0)                           # 将画笔移动到 (-250,0) 坐标位置
turtle.pendown()                              # 放下画笔
turtle.pensize(25)                            # 设置画笔宽度
turtle.speed(6)                               # 设置画笔移动速度，为 [0,10] 范围内的
                                                整数，数字越大、速度越快
colors=['orange','blue','yellow','purple']    # 定义颜色列表
turtle.seth(-40)                              # 设置当前朝向
for i in range(4):
    turtle.color(colors[i])                   # 设置画笔颜色
    turtle.circle(40,80)                      # 以 40 为半径、80 为弧度，圆心在画笔
                                                左边画圆
    ___________________                       # 以 40 为半径、80 为弧度，圆心在画笔
                                                右边画圆
turtle.pencolor("red")                        # 设置画笔颜色为红色
turtle.circle(40,80/2)
___________________                           # 向当前画笔方向移动 40 像素
turtle.circle(30,180)
___________________                           # 向当前画笔方向移动 30 像素
turtle.penup()
turtle.goto(0,50)
turtle.write('___________________',move=False,align='center',font=('宋
体',30,'normal'))
                                              # 在当前画笔位置写入“我要学 Python！”
turtle.done()
```

图 9-1　蟒蛇图案展示

（5）今天有 6 位小朋友过生日，快来帮他们抽取生日礼物吧！要求分别用 random 库的 random.choice() 函数和 random.randint() 函数为每位小朋友抽取礼物。需要注意的是，每位小朋友都要收到礼物并且只能得到一个与其他小朋友不一样的礼物。请在横线处填入合适的语句，并上机调试验证。程序的运行结果参考如下：

```
李诗慧小朋友抽到的礼物是： 篮球
王爱国小朋友抽到的礼物是： 足球
赵舜栩小朋友抽到的礼物是： 图书《唐诗三百首》
```

```
覃建设小朋友抽到的礼物是 : 儿童自行车
周栋梁小朋友抽到的礼物是 : 积木
张珺玲小朋友抽到的礼物是 : 运动鞋
```

程序如下：

```
import random
LiWu=[" 足球 "," 儿童自行车 "," 积木 "," 篮球 "," 生日蛋糕 "," 运动服 "," 英语学习卡 "," 图书《两个小八路》"," 运动鞋 "," 图书《唐诗三百首》"]      # 定义礼物列表
children=[" 王爱国 "," 周栋梁 "," 李诗慧 "," 覃建设 "," 张珺玲 "," 赵舜栩 "]   # 定义小朋友列表
for i in range(6):
    k=____________________          # 随机选取一位小朋友
    t=len(LiWu)-1                   # t 为礼物列表元素索引的最大值
    j=____________________          # 随机生成 0 ~ t 之间的整数，并赋值给 j
    print(k+" 小朋友抽到的礼物是 :",LiWu[j])
    ________________            # 从小朋友列表中移除已抽到礼物的小朋友
    ________________            # 从礼物列表中删除已被抽到的礼物，避免该礼物被重复抽取
    t-=1                        # 删除一个礼物后，礼物列表元素索引的最大值减 1
```

（6）编写程序对“习近平在中国共产党第二十次全国代表大会上的报告.txt”进行分析，将词频排名前九的词语（不包括中文标点和单个汉字）和次数输出，并选取词频最高的 30 个词语生成该文本的词云文件“ciyun.png”。参照输出格式如下：

```
发展    239
社会    193
中国    178
人民    177
坚持    173
主义    171
建设    166
国家    137
体系    119
```

程序如下：

```
______________                  # 引入 jieba 库
______________                  # 引入 wordcloud 库
txt=open(" 习 近 平 在 中 国 共 产 党 第 二 十 次 全 国 代 表 大 会 上 的 报 告 .txt", "r", encoding='utf-8').read()
words=______________            # 使用全模式对 txt 进行分词
counts = {}                     # 定义字典
for word in words:
    if len(word)<=1:            # 不统计单个汉字和空格出现的次数
        continue
    else:
```

```
        counts[word]= counts.get(word,0)+1              # 遍历所有词语，每出现一次，其
                                                          出现次数加 1
items= list(counts.items())                             # 将字典的键 - 值对转换为列表
def getValue(items):
    return items[1]
items.sort(key=getValue,reverse=True)                   # 根据词语出现的次数降序排序
for i in range(9):
    word,count=items[i]                                 # 获取词频前九的词语及出现次数
    print("{0:<6}{1}".format(word,count))               # 输出词频前九的词语及出现次数
exclude={'和','的','是','在','以','为'}                  # 未包含在词云文件中的文字
c=wordcloud.WordCloud(____________,font_path="msyh.ttc",stopwords=exclude)
# 选取词频最高的 30 个词语，字体为微软雅黑
c.generate(" ".join(words))
c.to_file("ciyun.png")                                  # 生成词云文件
```

三、自我训练

（1）尝试使用 turtle 库的相关函数绘制一个红色爱心，表达你对祖国的热爱之情吧！

（2）某高校准备举办大学生足球比赛，共有 10 个学院参赛，第一轮比赛为两两对阵，为了比赛的公平性，请使用 random 库的相关函数随机生成两两对阵方案。

（3）学习 stylecloud 包的使用方法，并使用广西民族大学官网“学校概况”中的广西民族大学简介，生成“icon_name”为“fas fa-user-graduate”的词云文件。

Python 数据文件处理实验

本章的教学目标是使学生掌握使用 Pandas 进行数据处理的基本方法，并能综合运用 Python 的 NumPy、Pandas 和 Matplotlib 等工具解决实际问题。本章的主要内容包括 Python 对文件的操作、Pandas 处理 Excel 数据和数据的可视化操作等。

实验 1　Pandas 处理 Excel 数据

一、实验目的

（1）掌握 Python 对文件的基本操作方法。

（2）掌握 Pandas 处理 Excel 数据的基本方法。

二、实验内容

（1）文本文件的读取和写入。下面这段程序实现的功能是：打开 D:\filepath.txt 文件，并添加两行文字："广西壮族自治区有壮族、汉族、瑶族、苗族、侗族、仫佬族、毛南族、回族、京族、彝族、水族、仡佬族等 12 个世居民族。"，"广西壮族自治区是我国民族团结进步的典范。"，文本文件的最终内容如图 10-1 所示。请在横线处填入正确的语句，并上机调试验证。

filepath.txt - 记事本
文件(F) 编辑(E) 格式(O) 查看(V) 帮助(H)
广西壮族自治区有壮族、汉族、瑶族、苗族、侗族、仫佬族、毛南族、回族、京族、彝族、水族、仡佬族等12个世居民族。
广西壮族自治区是我国民族团结进步的典范。

图 10-1　文本文件的最终内容

```
import os                                   # 导入目录操作的 os 模块
path="D:/"                                  # 设置文件存储路径
filename="filepath.txt"                     # 设置文本文件的文件名
fullpath=os.path.join(__________,__________) # 组合路径和文件名
f=open(__________,__________)               # 以写入方式打开 filepath.txt 文件
s1='广西壮族自治区有壮族、汉族、瑶族、苗族、侗族、仫佬族、毛南族、回族、京族、彝族、水族、仡佬族等 12 个世居民族。'
s2='广西壮族自治区是我国民族团结进步的典范。'
f.write(________)                           # 写入第一行文字
f.write(________)                           # 写入换行符
f.write(________)                           # 写入第二行文字
f.close()                                   # 关闭文件
f=open(__________,__________)               # 以读取方式打开 filepath.txt 文件
for line in f:                              # 读取文件的每一行
    print(line)                             # 输出每一行
f.close()                                   # 关闭文件
```

（2）Excel 文件的处理。下面这段程序实现的功能是：读取 D:\sutdentscores.xlsx 文件，计算每位学生的总分和平均分，把结果写入新的 Excel 文件，并命名为 newscores.xlsx，newscores.xlsx 文件的最终内容如图 10-2 所示。请在横线处填入正确的语句，并上机调试验证。

学号	姓名	学院名称	性别	英语	高数	马哲	体育	总分	平均分
00201	何东东	化生学院	女	78	87	76	82	323	80.75
00202	黄小艺	政法学院	女	69	75	56	86	286	71.5
00203	马宏伟	文学院	男	47	64	67	85	263	65.75
00204	梁伟	管理学院	男	77	68	67	79	291	72.75
00205	刘松楠	管理学院	男	90	87	68	90	335	83.75
00206	莫伟兰	商学院	女	68	45	69	84	266	66.5
00207	黄红华	政法学院	女	81	70	88	86	325	81.25
00208	王立成	商学院	男	80	48	85	86	299	74.75
00209	黄大全	文学院	男	65	73	44	83	265	66.25
00210	莫培育	化生学院	女	73	52	61	82	268	67
00211	李力宏	政法学院	男	62	75	35	92	264	66
00212	蒋大成	管理学院	女	72	65	75	78	290	72.5
00213	李东华	商学院	男	77	71	65	82	295	73.75

图 10-2　newscores.xlsx 文件的最终内容

```
import pandas as pd          # 导入 pandas 模块
import os                    # 导入 os 模块
import xlwt                  # 导入 Excel 操作所需的 xlwt 模块
import xlrd                  # 导入 Excel 操作所需的 xlrd 模块
path="D:/"                   # 设置准备读取的文件存储路径
filename=____________        # 设置准备读取的 Excel 文件名
excelpath=__________(path,filename)          # 组合路径和文件名
pd_excel= pd.read_excel(__________, dtype={'学号':str}) # 读取 Excel 文件，并指定“学号”列为文本型
print(__________)                            # 输出 Excel 文件中的内容
pd_excel=pd_excel.fillna(0)                  # 进行数据清洗，将空值填充为 0
pd_excel['总分']=________________________    # 求总分（总分等于 4 门成绩相加）
pd_excel['平均分']=____________   # 求平均分（平均分等于总分除以 4）
newfilename="newscores.xlsx"      # 设置准备写入数据的新 Excel 文件名
```

```
newexcelpath=os.path.join(__________,___________) # 组合路径和新文件名
print(pd_excel) # 输出准备写入新 Excel 文件中的内容
pd_excel.to_excel(_______________, encoding='gbk',index=False)    # 写入新文件，支持中文字符，不写入索引
```

（3）两个关联 Excel 文件的数据检索。学生原始成绩表（D:\ stuscores.xlsx）如图 10-3 所示，学生信息表（D:\ stuinfo.xlsx）如图 10-4 所示，使两个表通过“学号”列发生关联。下面这段程序实现的功能是：从学生信息表中获取每位学生的“学院名称”信息，并填入新学生成绩表（D:\ stuinfocol.xlsx），如图 10-5 所示。请在横线处填入正确的语句，并上机调试验证。

学号	姓名	性别	英语	高数	马哲	体育
00201	何东东	女	78	87	76	82
00202	黄小艺	女	69	75	56	86
00203	马宏伟	男	47	64	67	85
00204	梁伟	男	77	68	67	79
00205	刘松楠	男	90	87	68	90
00206	莫伟兰	女	68	45	69	84
00207	黄红华	女	81	70	88	86
00208	王立成	男	80	48	85	86
00209	黄大全	男	65	73	44	83
00210	莫培育	女	73	52	61	82
00211	李力宏	男	62	75	35	92
00212	蒋大成	女	72	65	75	78
00213	李东华	男	77	71	65	82

图 10-3　学生原始成绩表

学号	姓名	学院名称	性别	年级	专业
00201	何东东	化生学院	女	2020	应用化学
00202	黄小艺	政法学院	女	2020	法学
00203	马宏伟	文学院	男	2020	中文
00204	梁伟	管理学院	男	2020	工商管理
00205	刘松楠	管理学院	男	2020	工商管理
00206	莫伟兰	商学院	女	2020	国际贸易
00207	黄红华	政法学院	女	2020	法学
00208	王立成	商学院	男	2020	国际贸易
00209	黄大全	文学院	男	2020	中文
00210	莫培育	化生学院	女	2020	应用化学
00211	李力宏	政法学院	男	2020	法学
00212	蒋大成	管理学院	女	2020	工商管理
00213	李东华	商学院	男	2020	国际贸易

图 10-4　学生信息表

学号	姓名	性别	英语	高数	马哲	体育	学院名称
00201	何东东	女	78	87	76	82	化生学院
00202	黄小艺	女	69	75	56	86	政法学院
00203	马宏伟	男	47	64	67	85	文学院
00204	梁伟	男	77	68	67	79	管理学院
00205	刘松楠	男	90	87	68	90	管理学院
00206	莫伟兰	女	68	45	69	84	商学院
00207	黄红华	女	81	70	88	86	政法学院
00208	王立成	男	80	48	85	86	商学院
00209	黄大全	男	65	73	44	83	文学院
00210	莫培育	女	73	52	61	82	化生学院
00211	李力宏	男	62	75	35	92	政法学院
00212	蒋大成	女	72	65	75	78	管理学院
00213	李东华	男	77	71	65	82	商学院

图 10-5　新学生成绩表

```
import pandas as pd                    # 导入 pandas 模块
import os                              # 导入 os 模块
import xlwt                            # 导入 Excel 操作所需的 xlwt 模块
import xlrd                            # 导入 Excel 操作所需的 xlrd 模块
path="D:/"                             # 设置文件存储路径
stuscoresfile="stuscores.xlsx"         # 设置学生原始成绩表文件名
stuinfofile=______________             # 设置学生信息表文件名
stuscoresl_path=os.path.join(path,stuscoresfile)   # 组合学生原始成绩表的路径和文件名
stuinfofile_path=os.path.join(__________,__________)   # 组合学生信息表的路径和文件名
pd_stuscores= pd.read_excel(______________,______________) # 读取学生原始成绩表文件，并指定“学号”列为文本型
```

```
pd_stuinfo=pd.read_excel(stuinfofile_path,dtype={'学号':str}) #读取学生信息表文件，并指定“学号”列为文本型
pd_stuscores=pd_stuscores.fillna(0)    #对学生原始成绩表进行数据清洗，空值填充为0
pd_stuinfo=________________            #对学生信息表进行数据清洗，空值填充为0
pd_students=pd_stuscores.merge(pd_stuinfo,on='学号',right_index=False,left_index=False, sort=False) #依据学号连接学生原始成绩表和学生信息表的DataFrame
pd_stuscores[['学院名称']]=____________    #在学生原始成绩表的DataFrame中添加“学院名称”列，其数据来源于学生信息表的DataFrame
newfilename=____________               #设置新学生成绩表文件名
newfullpath=os.path.join(path,newfilename)  #组合新学生成绩表的路径和文件名
pd_stuscores.to_excel(______________, encoding='gbk',index=False)   #写入新学生成绩表，支持中文字符，不写入索引
```

（4）综合实验。在 D:\ learning 文件夹中有 3 个文件夹，分别为 scorefile、sourcefile 和 resultfile。scorefile 文件夹中存放着全校学生的《人工智能与计算机应用》课程期末成绩表（testscore.xlsx），如图 10-6 所示。sourcefile 文件夹中存放着李老师任课的 3 个班级的学生成绩表（2022 法学 01 班成绩表 .xlsx、2022 物理 01 班成绩表 .xlsx 和 2022 管理学 01 班成绩表 .xlsx，分别如图 10-7、图 10-8 和图 10-9 所示），期末成绩表和 3 个班级的学生成绩表通过“学号”列发生关联，下面这段程序实现的功能是：

先从期末成绩表中获取 3 个班级学生的“期末成绩”，并分别填入 3 个班级的学生成绩表文件，然后计算 3 个班级的总成绩（总成绩 = 期末成绩 *50%+ 平时成绩 *50%），最后把填好数据后的 3 个班级的学生成绩表保存到 resultfile 文件夹中，结果如图 10-10、图 10-11 和图 10-12 所示。请在横线处填入正确的语句，并上机调试验证。

学号	姓名	学院	班级	期末成绩	状态
202203001	郑东师	法学院	2022法学01班	47.2	完成
202203002	施品霖	法学院	2022法学01班	86.9	完成
202203003	钟武阳	法学院	2022法学01班	92.4	完成
202203004	黄宏昌	法学院	2022法学01班	70.4	完成
202203005	黄国城	法学院	2022法学01班	53.5	完成
202203006	罗一诚	法学院	2022法学01班	95.1	完成
202203007	邓世华	法学院	2022法学01班	83.2	完成
202203008	陆德鹊	法学院	2022法学01班	71.8	完成
202203009	蒙萌	法学院	2022法学01班	45.1	完成
202203010	李文禄	法学院	2022法学01班	92.1	完成
202203011	冯春晖	法学院	2022法学01班	67.5	完成
202203012	莫兰兵	法学院	2022法学01班	84.6	完成
202203013	黄弼芳	法学院	2022法学01班	85.6	完成
202203014	李艺红	法学院	2022法学01班	90.6	完成
202204001	张佳琪	理学院	2022物理01班	79.5	完成
202204002	陈慧莹	理学院	2022物理01班	85.6	完成
202204003	黄振哲	理学院	2022物理01班	66.1	完成

图 10-6　全校学生《人工智能与计算机应用》课程期末成绩表

学号	姓名	班级	平时成绩	期末成绩	总成绩	备注
202203001	郑东师	2022法学01班	87			
202203002	施品霖	2022法学01班	80			
202203003	钟武阳	2022法学01班	87			
202203004	黄宏昌	2022法学01班	73			
202203005	黄国城	2022法学01班	91			
202203006	罗一诚	2022法学01班	97			
202203007	邓世华	2022法学01班	91			
202203008	陆德鹊	2022法学01班	95			
202203009	蒙萌	2022法学01班	85			
202203010	李文禄	2022法学01班	78			
202203011	冯春晖	2022法学01班	94			
202203012	莫兰兵	2022法学01班	79			
202203013	黄弼芳	2022法学01班	87			
202203014	李艺红	2022法学01班	78			

图 10-7　2022 法学 01 班成绩表

学号	姓名	班级	平时成绩	期末成绩	总成绩	备注
202204001	张佳琪	2022物理01班	77			
202204002	陈慧莹	2022物理01班	91			
202204003	黄振哲	2022物理01班	89			
202204004	张硕垒	2022物理01班	95			
202204005	肖子睿	2022物理01班	91			
202204006	何文杰	2022物理01班	90			
202204007	周源杰	2022物理01班	74			
202204008	欧玮琨	2022物理01班	81			
202204009	吴俊杰	2022物理01班	79			
202204010	伍开洋	2022物理01班	73			
202204011	莫国鸿	2022物理01班	77			
202204012	零浩盛	2022物理01班	76			
202204013	欧宇翔	2022物理01班	93			
202204014	朱际娇	2022物理01班	86			
202204015	李晋慧	2022物理01班	96			

图 10-8　2022 物理 01 班成绩表

学号	姓名	班级	平时成绩	期末成绩	总成绩	备注
202206001	赵彬颖	2022管理学01班	93			
202206002	杨瑞敏	2022管理学01班	79			
202206003	郭筱婷	2022管理学01班	93			
202206004	何静玉	2022管理学01班	77			
202206005	周莹	2022管理学01班	93			
202206006	赵文英	2022管理学01班	84			
202206007	熊爱雯	2022管理学01班	96			
202206008	程佳琴	2022管理学01班	89			
202206009	王绮艺	2022管理学01班	90			
202206010	罗小好	2022管理学01班	65			
202206011	李卓霞	2022管理学01班	88			
202206012	张桔菁	2022管理学01班	93			
202206013	陆艺曼	2022管理学01班	78			
202206014	杨彩美	2022管理学01班	84			
202206015	覃秋华	2022管理学01班	80			

图 10-9　2022 管理学 01 班成绩表

```
import pandas as pd       # 导入 pandas 模块
import os                 # 导入 os 模块
import xlwt               # 导入 Excel 操作所需的 xlwt 模块
import xlrd               # 导入 Excel 操作所需的 xlrd 模块
from xlutils.copy import copy   # 导入 Excel 操作所需的 xlutils 模块
inputdir_path = r'D:/learning/sourcefile/'   # 设置原始数据存放路径
outputdir_path = 'D:/learning/resultfile/'   # 设置输出数据存放路径
filelist = os.listdir(__________)            # 获取原始数据存放位置的 Excel 文件名
列表
df_all = pd.__________('D:/learning/scorefile/testscore.xlsx')   # 读取全校学生
《人工智能与计算机应用》课程期末成绩表
df_select = df_all[['学号',__________]]     # 从期末成绩表中提取“学号”和“期末成
绩”列
for filename in filelist:        # 对原始数据存放位置的学生成绩表进行循环操作
    excelPath=__________(inputdir_path,filename) # 组合原始学生成绩表的路径和文
件名
    df = pd.read_excel(excelPath,header=0,__________) # 读取原始学生成绩表文件,
并指定“学号”列为文本型
    data = df.merge(df_select,__________, right_index=False,left_
index=False, sort=False)
# 通过学号连接原始学生成绩表和期末成绩表，并形成新的 DataFrame（由于两个表都存在“期末成绩”
列，因此连接后系统会分别把这两列标注为“期末成绩_x”和“期末成绩_y”）
    data[['期末成绩']] = data[['期末成绩_y']]   # 连接后的新 DataFrame 再增加一列“期
末成绩”，并将其赋值为期末成绩表的“期末成绩”
    data2 = data.drop(__________,__________], axis=1)   # 删除新 DataFrame 中
的“期末成绩_x”列和“期末成绩_y”列
    data2['总成绩'] =__________*0.5 +__________*0.5   # 计算总成绩
    print(data2)   # 输出填好数据后的新 DataFrame
    data2.__________(outputdir_path+filename, encoding='gbk',
index=False)
# 写入新的 Excel 文件并保存到指定目录中
    print(filename+'******** 文件处理成功')   # 输出处理结果
```

	A	B	C	D	E	F	G
1	学号	姓名	班级	平时成绩	总成绩	备注	期末成绩
2	202203001	郑东师	2022法学01班	87	67.1		47.2
3	202203002	施品霖	2022法学01班	80	83.45		86.9
4	202203003	钟武阳	2022法学01班	87	89.7		92.4
5	202203004	黄宏昌	2022法学01班	73	71.7		70.4
6	202203005	黄国城	2022法学01班	91	72.25		53.5
7	202203006	罗一诚	2022法学01班	97	96.05		95.1
8	202203007	邓世华	2022法学01班	91	87.1		83.2
9	202203008	陆德鹊	2022法学01班	95	83.4		71.8
10	202203009	蒙萌	2022法学01班	85	65.05		45.1
11	202203010	李文禄	2022法学01班	78	85.05		92.1
12	202203011	冯春晖	2022法学01班	94	80.75		67.5
13	202203012	莫兰兵	2022法学01班	79	81.8		84.6
14	202203013	黄弼芳	2022法学01班	87	86.3		85.6
15	202203014	李艺红	2022法学01班	78	84.3		90.6

图 10-10　2022 法学 01 班新成绩表

	A	B	C	D	E	F	G
1	学号	姓名	班级	平时成绩	总成绩	备注	期末成绩
2	202204001	张佳琪	2022物理01班	77.2	78.35		79.5
3	202204002	陈慧莹	2022物理01班	91	88.3		85.6
4	202204003	黄振哲	2022物理01班	88.8	77.45		66.1
5	202204004	张硕垒	2022物理01班	94.9	92.65		90.4
6	202204005	肖子睿	2022物理01班	91.4	87.6		83.8
7	202204006	何文杰	2022物理01班	90.4	86.8		83.2
8	202204007	周源杰	2022物理01班	73.5	83.8		94.1
9	202204008	欧玮琨	2022物理01班	80.9	84.5		88.1
10	202204009	吴俊杰	2022物理01班	79.4	76.25		73.1
11	202204010	伍开洋	2022物理01班	72.9	72.85		72.8
12	202204011	莫国鸿	2022物理01班	77.3	75		72.7
13	202204012	零浩盛	2022物理01班	75.9	86.8		97.7
14	202204013	欧宇翔	2022物理01班	92.6	84.5		76.4
15	202204014	朱际娇	2022物理01班	86.3	77.95		69.6
16	202204015	李晋慧	2022物理01班	96	90.65		85.3

图 10-11　2022 物理 01 班新成绩表

	A	B	C	D	E	F	G
1	学号	姓名	班级	平时成绩	总成绩	备注	期末成绩
2	202206001	赵彬颖	2022管理学01班	93	92.6		92.2
3	202206002	杨瑞敏	2022管理学01班	79	85.65		92.3
4	202206003	郭筱婷	2022管理学01班	93	78.7		64.4
5	202206004	何静玉	2022管理学01班	77	78.85		80.7
6	202206005	周莹	2022管理学01班	93	84.8		76.6
7	202206006	赵文英	2022管理学01班	84	88.15		92.3
8	202206007	熊爱雯	2022管理学01班	96	92.05		88.1
9	202206008	程佳琴	2022管理学01班	89	88.6		88.2
10	202206009	王绮艺	2022管理学01班	90	79.5		69
11	202206010	罗小好	2022管理学01班	65	71.65		78.3
12	202206011	李卓霞	2022管理学01班	88	92.65		97.3
13	202206012	张桔菁	2022管理学01班	93	94.1		95.2
14	202206013	陆艺曼	2022管理学01班	78	80.9		83.8
15	202206014	杨彩美	2022管理学01班	84	80.55		77.1
16	202206015	覃秋华	2022管理学01班	80	66		52

图 10-12　2022 管理学 01 班新成绩表

三、自我训练

（1）在上述综合实验中，要求把最后生成的学生成绩表的“期末成绩”列插入“平时成绩”列与“总成绩”列之间，并按总成绩降序排列，请编程实现该要求。

（2）在上述综合实验中，如果在 D:\learning\infomationfile 文件夹中存在一个用于存放 3 个班级学生基本信息的学生信息表 students_info.xlsx，其字段结构如图 10-4 所示（即包括“学号”、“姓名”、“学院名称”、“性别”、“年级”和“专业”字段，各班成绩表与学生信息表通过“学号”列发生关联），那么现在除了按综合实验的要求填写期末成绩，还要求从该学生信息表中获取各班学生的“学院名称”、“性别”和“专业”信息，并填入各班成绩表，最后把填好数据后的 3 个班级的学生成绩表保存到 resultfile 文件夹中，请编程实现该要求。

实验 2　Matplotlib 绘图

一、实验目的

（1）理解在 Python 中利用 Matplotlib 工具绘图的过程。

（2）掌握函数图、饼图、柱形图和折线图等各种简单图形的绘制方法。

二、实验内容

（1）绘制函数图。下面这段程序实现的功能是：绘制 cos(x) 函数图形，其中，$-1 \leqslant x \leqslant 16$，$-2 \leqslant y \leqslant 2$，程序的运行结果如图 10-13 所示。请在横线处填入正确的语句，并上机调试验证。

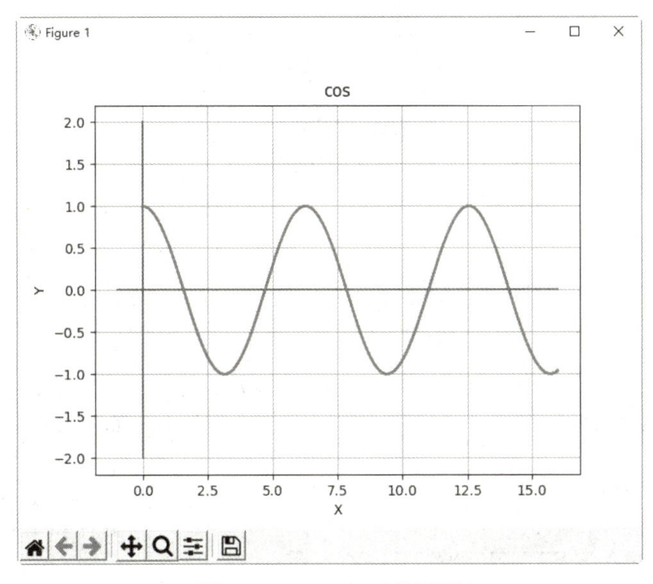

图 10-13　cos(x) 函数图形

```
import numpy as np                        # 导入 numpy 模块
import matplotlib.pyplot as plt           # 导入 matplotlib 模块的子模块 pyplot
x=np.arange(0,________, 0.01)             # x 是一个由 arange 函数生成的一维等差
                                            数组（0 ≤ x ≤ 16），步长为 0.01
y=np.cos(x)                               #y 是与 x 对应的一维数组
plt.plot((-1,16),(0,0),'g')               # 画 x 轴，x 轴颜色为绿色
plt.xlabel('______')                      # 标记 x 轴名称为“X”
plt.plot((0,0),(-2,2),__________)         # 画 y 轴，y 轴颜色为绿色
plt.ylabel('Y')                           # 标记 y 轴名称为“Y”
plt.plot(x,y,_______='r',linewidth=______)  # 绘图，设置线条颜色为红色，线条宽度为
                                            2 像素
plt.title(________)                       # 设置图表标题为 cos
plt.grid(_______)                         # 设置网格线
plt.__________                            # 显示图像
```

（2）绘制饼图。下面这段程序实现的功能是：绘制某家庭月度支出饼图，其家庭支出包括“娱乐”、“育儿”、“饮食”、“房贷”、“交通”和“其他”方面，各方面的支出金额（元）分别为 600、1500、2200、5000、800 和 900，程序的运行结果如图 10-14 所示。请在横线处填入正确的语句，并上机调试验证。

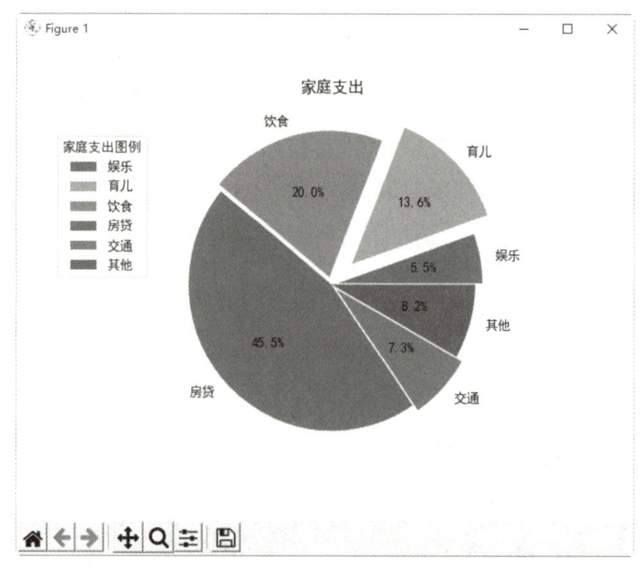

图 10-14　某家庭月度支出饼图

```
import numpy as np                                          # 导入 numpy 模块
import matplotlib. pyplot as plt                            # 导入 matplotlib 模块的子模块 pyplot
plt. rcParams['font.sans-serif']=['SimHei']                 # 设置中文“黑体”显示
labels=[______________________________]                     # 设置各方面的支出名称（用逗号隔开）
sizes=[_______________________________]                     # 设置各方面的支出金额（用逗号隔开）
explode=(0.05,0.2,0.05,0.0,0.05,0.0)                        # 设置各比例部分炸离中心的距离
plt._____(sizes,explode=explode,labels=labels,autopct='%.1f%%')
# 生成饼图，并设置炸离值，支出名称和饼内百分数格式
plt._____(' 家庭支出 ')                                      # 设置图形标题
plt.legend(labels,title=______________,loc='lower right', bbox_to_
anchor=(0,0.5))
 # 设置图例标题、内容、图例存放方位（右下角）及图例的具体位置
plt.show()                                                  # 显示图形
```

（3）绘制柱形图和折线图。下面这段程序实现的功能是：绘制 2021 年度我国 8 个地区居民人均可支配收入（元）的柱形图和折线图，这 8 个地区的居民人均可支配收入（元）数据保存在 D:\ learning\income 目录下的 areaincome.xlsx 文件中，其数据如图 10-15 所示，程序的运行结果如图 10-16 所示。请在横线处填入正确的语句，并上机调试验证。

	A	B
1	地区	人均可支配收入
2	上海	78027
3	北京	75002
4	浙江	57541
5	江苏	47498
6	天津	47449
7	广东	44993
8	福建	40659
9	山东	35705
10		

图 10-15　2021 年度我国 8 个地区居民人均可支配收入（元）

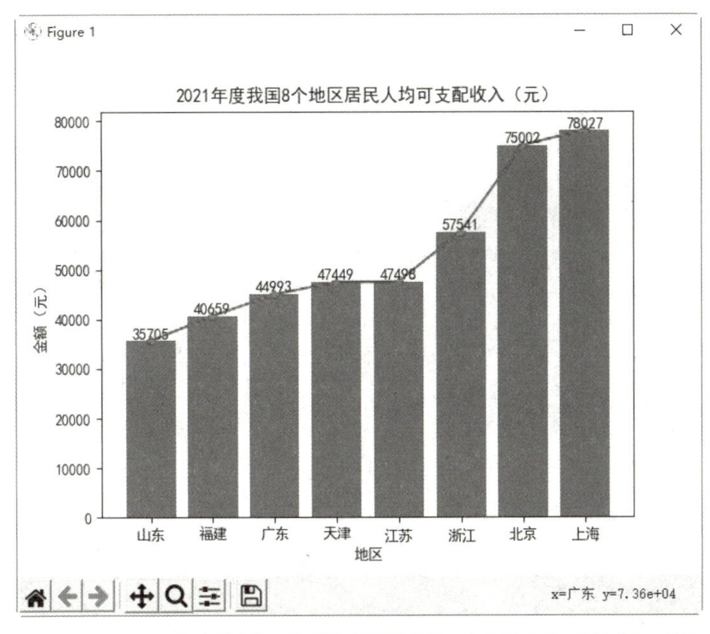

图 10-16　2021 年度我国 8 个地区居民人均可支配收入对比图（元）

```
import pandas as pd          # 导入 pandas 模块
import os                    # 导入 os 模块
import xlwt                  # 导入 Excel 操作所需的 xlwt 模块
import xlrd                  # 导入 Excel 操作所需的 xlrd 模块
import numpy as np           # 导入 numpy 模块
import matplotlib.pyplot as plt    # 导入 matplotlib 模块的子模块 pyplot
incomedata=pd.________('D:/learning/income/areaincome.xlsx',header=____)
# 读取 8 个地区的居民人均可支配收入（元）数据，并指定首行为表头
incomedata.sort_values(by='____________',inplace=True,ascending=True)
# 将数据按照“人均可支配收入”从低到高排序
labels=incomedata['_____']      # 获取各“地区”的名称作为标签
binsnum=________[' 人均可支配收入 ']   # 获取“人均可支配收入”作为柱形图数据
plt.rcParams['font.family']='_________'       # 将图形的字体设置为中文“黑体”
barim=plt.bar(________,_________)       # 生成柱形图
plt.bar_label(barim,_________)          # 在柱形图上显示人均可支配收入值
plt.title("2021 年度我国 8 个地区居民人均可支配收入（元）")   # 设置图表标题
plt.xlabel(' 地区 ')                     # 标记 x 轴名称
plt.ylabel('________')                  # 标记 y 轴名称
plt.plot(_______,__________, "r", marker='*')        # 生成折线图，颜色为“红色”，
并用 * 号标注
plt.show()           # 显示图形
```

（4）综合实验。在 D:\learning\resultfile 文件夹中存放着 3 个班级的学生成绩表（2022 法学 01 班新成绩表 .xlsx、2022 物理 01 班新成绩表 .xlsx 和 2022 管理学 01 班新成绩表 .xlsx，分别见图 10-10、图 10-11 和图 10-12），下面这段程序实现的功能是：生成 3 个班级学生期末成绩等级的柱形图和折线图，程序的运行结果如图 10-17、图 10-18 和图 10-19 所示。请在

横线处填入正确的语句，并上机调试验证。

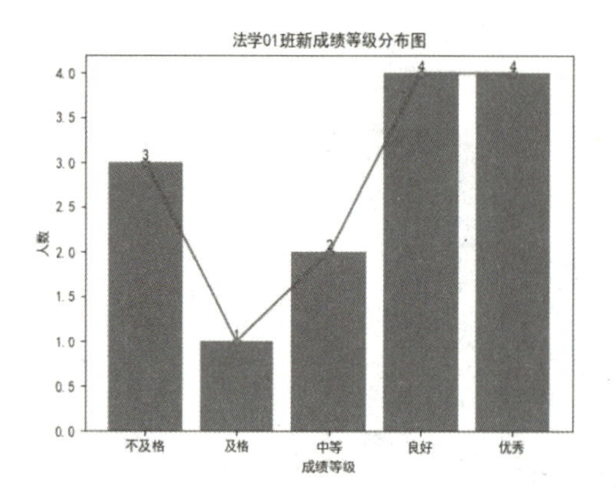

图 10-17　法学 01 班新成绩等级分布图

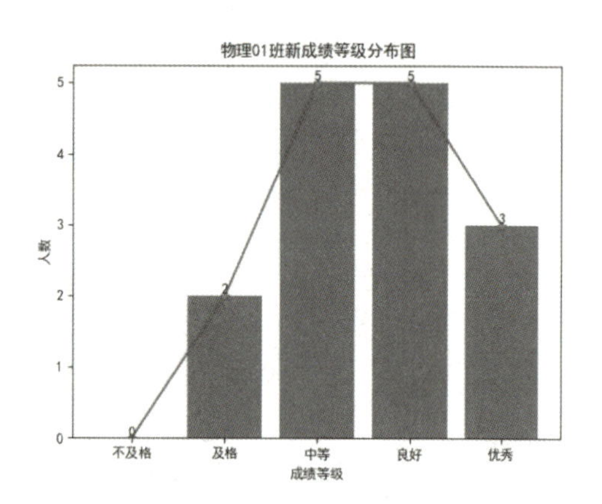

图 10-18　物理 01 班新成绩等级分布图

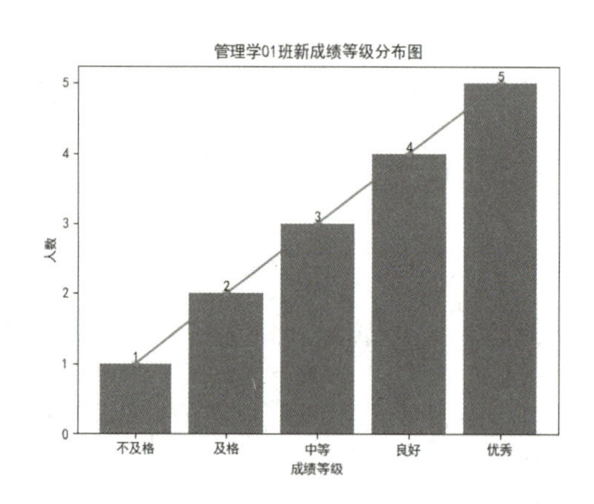

图 10-19　管理学 01 班新成绩等级分布图

```
import pandas as pd          # 导入 pandas 模块
import numpy as np           # 导入 numpy 模块
import os                    # 导入 os 模块
import matplotlib.pyplot as plt                    # 导入 matplotlib 模块的子模块 pyplot
inputdir_path = r'D:/learning/resultfile/'         # 设置成绩文件保存路径
filelist =________(inputdir_path)                  # 获取成绩数据存放位置的 Excel 文件名
                                                     列表
bins=[0,60,70,80,90,100]                           # 设置成绩等级分段
labels=['不及格','及格','中等','良好','优秀']            # 设置各等级标签
for filename in_______:                            # 循环处理 resultfile 文件夹中的所有
                                                     Excel 文件
    excelPath = os.path.join(inputdir_path, filename)          # 组合目录和 Excel 文
                                                                 件名
    df = pd.read_excel(________,dtype={'学号':str})
# 读取 Excel 文件，并指定“学号”列为文本型
    y =______['期末成绩']                                   # 获取期末成绩数据
```

```
    segments = pd.cut(_________,_________, labels=_________, include_
lowest=True,right=True)
# 根据等级和标签对期末成绩数据进行离散化处理，将成绩的左右都设为闭区间
    plt.rcParams['font.family']='simhei'          # 设置图形字体为中文“黑体”
    counts=pd.value_counts(_______,sort=False)    # 统计各分数段人数，但不排序
    b=plt.bar(counts.index,________)              # 绘制柱形图
    plt.bar_label(_______,counts)        # 添加各分数段人数作为数据标签
    plt.title(filename.strip('2022 成绩表 .xlsx')+" 成绩等级分布图 ")  # 设置图表标
题，在文件名基础上去掉“2022 成绩表 .xlsx”，再与“成绩等级分布图”组合
    plt._________(' 成绩等级 ')                    # 标记 x 轴名称
    plt.ylabel(' 人数 ')                           # 标记 y 轴名称
    plt.plot(counts.index, counts,_________, marker=________)
# 绘制折线图，颜色为“红色”，并用 * 号标注
    plt.show()                                     # 显示图形
```

三、自我训练

（1）在上述综合实验中，要求生成各班每个成绩等级人数占总人数比例的饼图，请编程实现该要求。

（2）在上述综合实验中，要求绘制三个班级成绩等级堆积柱形图，效果如图 10-20 所示，请编程实现该要求。

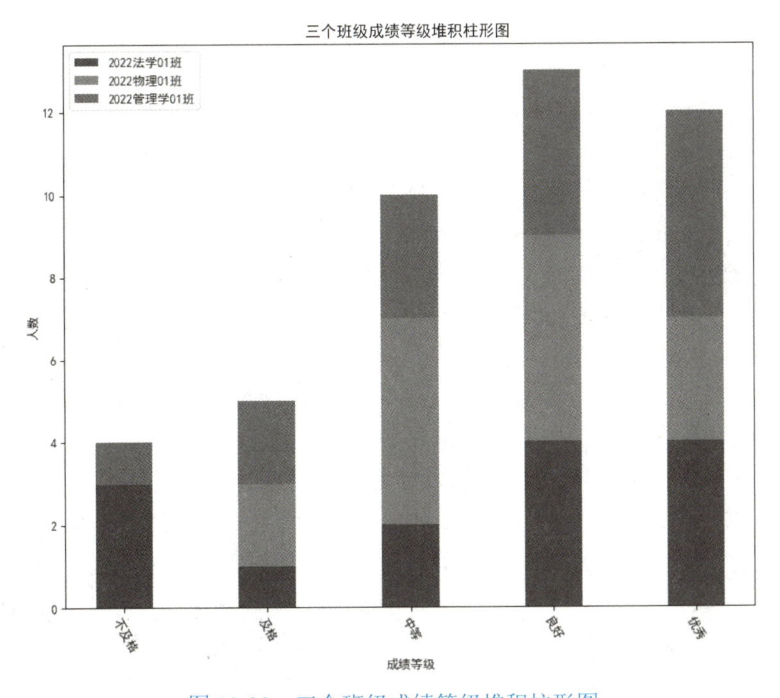

图 10-20　三个班级成绩等级堆积柱形图

第11章 Python机器学习实验

本章的教学目标是使学生掌握使用 Sklearn 进行机器学习的基本思路和基本方法，并能解决实际问题。本章的主要内容包括分类、回归等机器学习算法。

实验1 使用 Sklearn 对鸢尾花进行分类

一、实验目的

（1）掌握调用 Sklearn 库中机器学习模型的方法。
（2）掌握导入数据集和处理数据的方法。
（3）掌握数据分类方法。

二、实验内容

在 Sklearn 库中包含一些经典的示例数据集。比如，鸢尾花（iris）数据集是常用的分类实验数据集。下面请使用决策树对鸢尾花进行分类。

（1）加载实验中用到的4个库。

```
from sklearn import datasets                           #sklearn 的数据集
import numpy as np                                     # 使用 numpy 将导入的数据转换为数组
from sklearn import tree                               # 导入决策树
from sklearn.model_selection import train_test_split
# 将数据打乱后划分为训练集和测试集两部分
```

（2）导入 iris 数据集。

```
iris= datasets.load_iris()      # 载入数据集
```

```
iris_data=iris['data']                # 数据集包括花萼长度、花萼宽度、花瓣长度、花瓣宽度 4 个属性
iris_label=iris['target']             # 分类集
X=np.array(iris_data)                 # 将数据集转换为数组
Y=np.array(iris_label)                # 将分类集转换为数组
```

（3）将数据按照比例分割为训练集和测试集，测试样本占比 30%，即 test_size=0.3。

```
train_x,test_x,train_y,test_y=train_test_split(X,Y,test_size=0.3,random_
state=0)
print('训练集数量：', len(train_x))             # 输出训练集数量
print('测试集数量：', len(test_x))              # 输出测试集数量
```

（4）训练决策树模型。

```
dt_model=tree.DecisionTreeClassifier()          # 实例化决策树模型，生成模型对象
dt_model.fit(train_x, train_y)                  # 使用训练集数据训练模型
```

（5）评估预测结果。

```
predict_y=dt_model.predict(test_x)              # 输入测试集到训练后的模型，得出预测值
score=dt_model.score(test_x, test_y)            # 评估模型得分
print(' 测试集的类别：' , test_y)                # 输出测试集的类别
print(' 分类预测的结果类别：' , predict_y)        # 输出分类预测的结果类别
print(' 准确率：' , score)                       # 输出准确率
```

程序运行结果如下。

```
训练集数量：105
测试集数量：45
测试集的类别：[2 1 0 2 0 2 0 1 1 1 2 1 1 1 1 0 1 1 0 0 2 1 0 0 2 0 0 1 1 0 2
1 0 2 2 1 0 1 1 1 2 0 2 0 0]
分类预测的结果类别：[2 1 0 2 0 2 0 1 1 1 2 1 1 1 1 0 1 1 0 0 2 1 0 0 2 0 0 1 1
0 2 1 0 2 2 1 0 2 1 1 2 0 2 0 0]
准确率：0.9777777777777777
```

三、自我训练

Sklearn 库中自带红酒（wine）数据集，请使用决策树对该数据集进行分类。

实验 2　使用 Sklearn 对销售数据进行分析与预测

一、实验目的

（1）掌握调用 Sklearn 库中机器学习模型的方法。

（2）掌握数据分析方法。
（3）掌握回归分析方法。

二、实验内容

现有冰淇淋店一年的历史销售数据，这些数据被存放在 icecream.csv 数据集中，其中包括单日的销售量、气温、周几等信息，请使用这些数据进行下列操作。

- 探究温度对冰淇淋销售量的影响。
- 预测在指定温度下冰淇淋的销售量。

（1）导入数据集，并绘制散点图，观察气温与销售量的关系。

```
import pandas as pd                                    # 导入 pandas 库并用 pd 来表示
import matplotlib.pyplot as plt                        # 导入 matplotlib 库中的函数集合
icecream = pd.read_csv("icecream.csv", encoding = 'gbk')    # 导入 csv 数据
# 由于表中存在中文，因此字符编码设置为 gbk
x = icecream['气温']                                   # 设置 x 为表中的气温数据
y = icecream['销售量']                                 # 设置 y 为表中的销售量
plt.rcParams['font.sans-serif'] = ['SimHei']                  # 可以显示中文字体
plt.title("冰淇淋销售量与气温关系图")                         # 绘制图像标题
plt.xlabel("气温")                                            # 绘制 x 轴标签
plt.ylabel("销售量")                                          # 绘制 y 轴标签
plt.scatter(x, y)                                             # 绘制散点图
plt.show()                                                    # 显示图像
```

运行效果如图 11-1 所示。

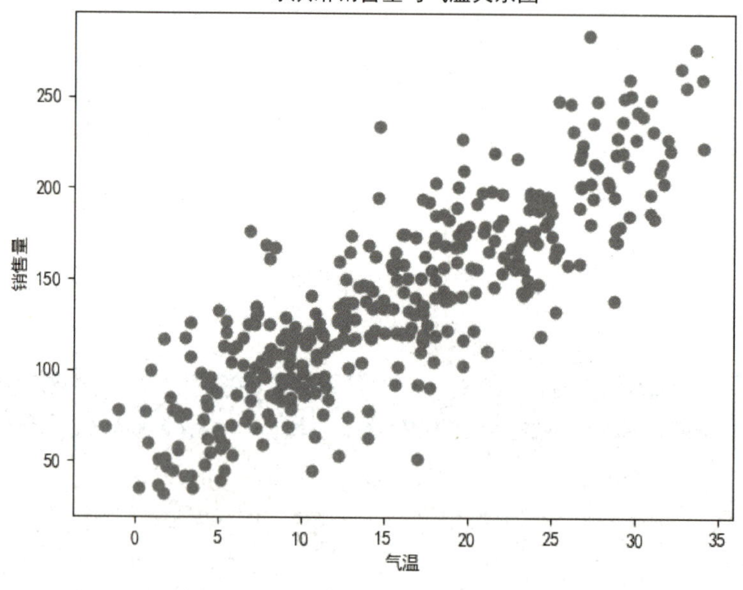

图 11-1　冰淇淋销售量与气温关系图

（2）数据分析。

通过观察生成的散点图可以发现，气温对销售量有较大的影响，且气温越高销售量越大。通过计算得知，气温和销售量的相关系数为 0.84，两者密切相关。

```
x.corr(y)                                        # 计算气温和销售量之间的相关系数
```

（3）使用机器学习中的回归分析方法，通过气温来预测冰淇淋的销售量。

```
from sklearn.linear_model import LinearRegression  # 导入 sklearn 中的线性模型
model = LinearRegression()                       # 实例化线性回归模型，生成 model 模型对象
X=icecream[[' 气温 ']]                           # 获取表中的气温数据
model.fit(X,y)                                   # 训练模型
Y=model.predict(X)                               # 利用训练好的模型，根据输入值计算预测值
plt.scatter(x, y)                                # 绘制散点图
plt.plot(x, Y , color='blue')                    # 绘制拟合直线。其中，x 为气温，Y 为预测值
plt.xlabel(' 气温 ')                             # 设置 x 坐标标签
plt.ylabel(' 销售量 ')                           # 设置 y 坐标标签
plt.show()                                       # 显示图像
print(" 斜率：", model.coef_[0])                 # 输出斜率的值
print(" 截距：", model.intercept_)               # 输出截距的值
import joblib                                    # 导入 joblib 库，用于保存模型
joblib.dump(model,'icecream_TrainModel.m')  # 在当前目录下保存训练后的模型
```

运行效果如图 11-2 所示。

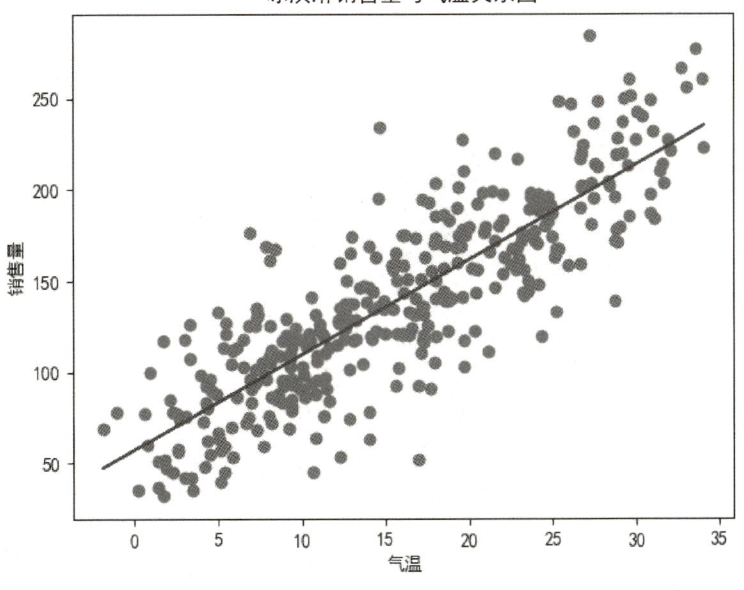

图 11-2　冰淇淋销售量与气温关系图

程序运行结果如下。

```
斜率：5.216078231188564
截距：57.16732821522504
```

由此得知，散点图中的直线函数解析式为 $y = 5.2x + 57.2$。

（4）预测在指定温度下冰淇淋的销售量。

```
modelUse=joblib.load('icecream_TrainModel.m')               # 导入已训练的模型
testx=pd.DataFrame([[25],[35]],columns=list(['气温']))     # 气温为 25° 和 35° 时
y=modelUse.predict(testx)                                 # 使用已训练的模型进行预测
print("销量预测值：",*y)                                  # 输出销量预测值
```

程序运行结果如下。

```
销量预测值：187.56928399493913  239.73006630682477
```

通过机器学习可以预测出当气温为 25° 时，预测冰淇淋的销售量约为 188 个；当气温为 35° 时，预测冰淇淋的销售量约为 240 个。

三、自我训练

Advertising.csv 数据集中包含 200 个产品的销售额，每个销售额都对应着广告投入成本。请使用这些数据进行下列操作。

（1）分析广告投入对产品销售额的影响。

（2）预测在广告投入 1000 万元时产品的销售额。

第12章 人工智能技术应用实验

本章的教学目标是使学生通过使用“AI 能力体验中心 - 百度智能云”平台，对人工智能技术有一个初步的了解。本章主要是掌握“AI 能力体验中心 - 百度智能云”的初步应用，包括图像技术、人脸与人体识别技术、语音技术、文字识别技术等，了解 API 接口。

实验 人工智能体验中心

一、实验目的

（1）了解“AI 能力体验中心 - 百度智能云”的图像识别、图像增强与特效。

（2）了解“AI 能力体验中心 - 百度智能云”的人脸与人体识别。

（3）了解“AI 能力体验中心 - 百度智能云”的语音技术。

（4）了解“AI 能力体验中心 - 百度智能云”的 5 种文字识别技术。

二、实验内容

“AI 能力体验中心 - 百度智能云”（以下简称 AI 能力体验中心）提供了全球领先的图像识别、语音识别等多项人工智能技术，在浏览器中搜索“AI 能力体验中心 - 百度智能云”即可找到 AI 能力体验中心，首页如图 12-1 所示。各班可以分组选择 AI 能力体验中心的某个主题并进行实验。

图 12-1　AI 能力体验中心首页

1. 图像识别

AI 能力体验中心的图像识别主要包括通用物体和场景识别、植物识别、动物识别、菜品识别、地标识别、果蔬识别、红酒识别、货币识别、图像主体检测、车型识别、车辆检测等。AI 能力体验中心的图像识别种类及功能描述如表 12-1 所示。

表 12-1　AI 能力体验中心的图像识别种类及功能描述

图像识别种类	功能描述
通用物体和场景识别	识别图片中的场景及物体标签，可识别超过 10 万类常见物体和场景，广泛适用于图像或视频内容分析、拍照识图等业务场景
植物识别	检测用户上传的植物图片，并显示植物名称和置信度信息，可识别超过 2 万种常见植物和近八千种花卉，适用于拍照识图、幼教科普、图像内容分析等场景
动物识别	检测用户上传的动物图片，并显示动物名称和置信度信息，可识别近八千种常见动物，接口返回动物名称，适用于拍照识图、幼教科普、图像内容分析等场景
菜品识别	检测用户上传的菜品图片，并显示菜名、卡路里和置信度信息，可识别近万种菜品，适用于多种客户识别菜品的业务场景

续表

图像识别种类	功能描述
地标识别	检测用户上传的地标图片，并显示地标名称，支持识别约 12 万种中外著名地标和热门景点，广泛适用于拍照识图、幼教科普、图片分类等场景
果蔬识别	检测用户上传的果蔬类图片，并显示果蔬名称和置信度信息，可识别近千种水果和蔬菜，适用于识别只含一种果蔬的图片，也适用于果蔬介绍相关的美食类 App
红酒识别	识别图像中的红酒标签，并显示红酒名称、国家、产区、酒庄、类型、糖分、葡萄品种和酒品描述等信息，可识别数十万种中外红酒
货币识别	识别图像中的货币类型，并显示货币名称、代码、面值和年份信息，可识别百余种国内外常见货币
图像主体检测	检测图片中的主体，支持单主体检测和多主体检测，可识别图片中主体的位置和标签，方便裁剪对应主体的区域，适用于后续图像处理、海量图片分类打标等场景
车型识别	识别车辆的具体车型，以小汽车为主，输出图片中主体车辆的品牌、型号、年份、颜色和百科词条信息，可识别三千款常见车型
车辆检测	识别图像中所有车辆的类型和位置，并对小汽车、卡车、巴士、摩托车和三轮车这 5 类车辆分别计数，同时可定位小汽车、卡车和巴士的坐标位置

打开浏览器，进入 AI 能力体验中心首页，先单击“图像识别”→“地标识别”按钮，然后单击“本地上传”按钮，选择 D:\ 实验素材 \ 地标 \ 地标 1.jpg 文件，最后单击“打开”按钮，即可显示识别结果，如图 12-2 所示。大家可以参照表 12-1 选取感兴趣的内容进行识别。

图 12-2　上海外滩地标

2. 图像增强与特效

AI 能力体验中心的图像增强与特效主要包括黑白图像上色、图像风格转换、人像动漫化、图像去雾、图像对比度增强、图像无损放大、拉伸图像恢复、图像修复、图像清晰度增强、图像色彩增强等。AI 能力体验中心的图像增强与特效种类及功能描述如表 12-2 所示。黑白图像上色效果如图 12-3 所示。

表 12-2　AI 能力体验中心的图像增强与特效种类及功能描述

图像增强与特效种类	功能描述
黑白图像上色	智能识别黑白图像内容并填充色彩，使黑白图像变鲜活
图像风格转换	提供多种艺术风格转换特效，可用于开展趣味活动，或者集成到美图应用中对图像进行风格转换
人像动漫化	运用人脸检测、头发分割、人像分割等技术，为用户量身定制千人千面的二次元动漫形象
图像去雾	对浓雾天气下拍摄导致细节无法辨认的图像进行去雾处理，还原更清晰真实的图像
图像对比度增强	调整过暗或过亮图像的对比度，使图像更加鲜明
图像无损放大	将图像在长、宽方向各放大两倍，并保持图像质量无损，可用于彩印照片美化、监控图片质量重建等场景
拉伸图像恢复	自动识别过度拉伸图像，并将图像恢复成正常比例
图像修复	对图片进行智能修复或去除图片中不需要的物体，可集成到图像美化、创意处理等软件中
图像清晰度增强	对压缩后的模糊图像进行智能快速去噪，优化图像纹理细节，使画面更加自然、清晰
图像色彩增强	可智能调节图片的色彩饱和度、亮度和对比度，使图片细节和色彩更加逼真

图 12-3　黑白图像上色效果

3. 人脸与人体识别

AI 能力体验中心的人脸与人体识别主要包括人脸检测与属性分析、人脸对比、人脸搜索、人体关键点识别、人体检测与属性识别、人流量统计、手势识别、手部关键点识别、驾驶行为分析、人脸融合、人像分割、人脸属性编辑等。AI 能力体验中心的人脸与人体识别种类及功能描述如表 12-3 所示。驾驶行为分析如图 12-4 所示。

表 12-3　AI 能力体验中心的人脸与人体识别种类及功能描述

人脸与人体识别种类	功能描述
人脸检测与属性分析	快速检测人脸并返回人脸框位置，不仅能输出 150 个人脸关键点坐标，还能准确识别多种属性信息
人脸对比	将两张人脸进行 1 ∶ 1 对比，得到人脸相似度，支持生活照、证件照、身份证芯片照、带网纹照和红外黑白照这 5 种图片类型的人脸对比
人脸搜索	给定一张人脸，对比人脸库中的 N 张人脸，进行 1 ∶ N 检索，找出最相似的一张或多张人脸，并返回相似度分数，支持百万级人脸库管理，毫秒级识别响应，适用于身份核验、人脸考勤、刷脸通行等场景
人体关键点识别	检测图像中的人体并返回人体矩形框位置，精准定位 21 个核心关键点，包含头顶、五官、颈部、四肢主要关节部位，支持多人检测、大动作等复杂场景
人体检测与属性识别	检测图像中的所有人体，并返回每个人体的位置坐标，可以识别人体的 17 类属性信息，主要包括性别、年龄、服饰类别、服饰颜色、戴帽子（可以区分安全帽和普通帽）、戴口罩、背包、抽烟、使用手机等
人流量统计	统计图像中的人体个数和流动趋势，以头、肩为主要识别目标统计人数，无须正脸和全身，适用于人群密集、各种出入口场景
手势识别	识别图片中的手部位置和手势类型，可识别 24 种常见手势，包括拳头、OK、比心、作揖、作别、祈祷、我爱你、点赞、Rock、数字等
手部关键点识别	检测图片中的手部并返回手部矩形框位置，定位手部的 21 个主要骨节点，可用于自定义手势检测、AR 特效、人机交互等场景
驾驶行为分析	针对车载场景，识别驾驶员抽烟、使用手机、未系安全带、双手离开方向盘、视角未看前方、未正确佩戴口罩、打哈欠、闭眼等动作姿态，分析预警危险驾驶行为，提升行车安全性
人脸融合	对两张人脸进行融合处理，使生成的人脸同时具备两张人脸的外貌特征
人像分割	识别图像中的人体轮廓，并与背景进行分离，适用于单人或多人等复杂背景，广泛应用于人像抠图美化、照片背景替换、证件照制作、隐私保护等场景
人脸属性编辑	对人脸属性特征进行编辑，实现性别互换、年龄改变等特效，并为用户生成多张特效照片，适用于趣味社交、短视频等娱乐场景

图 12-4　驾驶行为分析

4. 语音技术

AI 能力体验中心的语音技术主要包括语音合成，虽然该功能免费，但是体验该功能需要登录百度账号，若没有账号，则需要免费注册。

在 AI 能力体验中心首页单击“语音技术”→“语音合成”按钮，在弹出的界面中设置合成选项，包括声音、语速、音调和音量，在别处复制一段文字并粘贴到左侧文本框中，单击“播放”按钮，弹出百度账号的登录界面，登录账号即可将文字转换为语音，如图 12-5 所示。

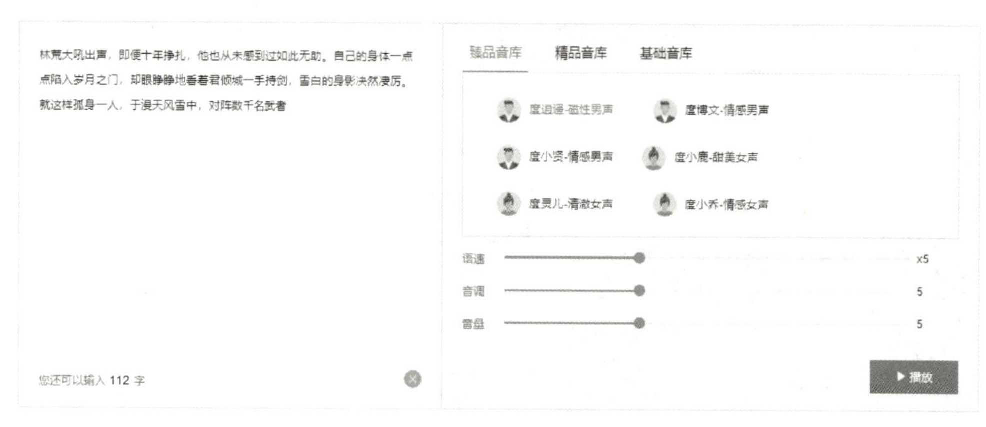

图 12-5　文字转语音

5. 语言理解

AI 能力体验中心的语言理解主要包括词法分析、文本纠错、情感倾向分析、评论观点抽取、对话情绪识别、地址识别等。

6. 语言生成

AI 能力体验中心的语言生成主要包括智能创作、文章标签、文章分类、新闻摘要、祝福语生成、智能春联、智能写诗等。在 AI 能力体验中心首页单击“语言生成”→“智能春联”→“新年快乐”按钮，即可生成关于新年快乐的春联，如图 12-6 所示。

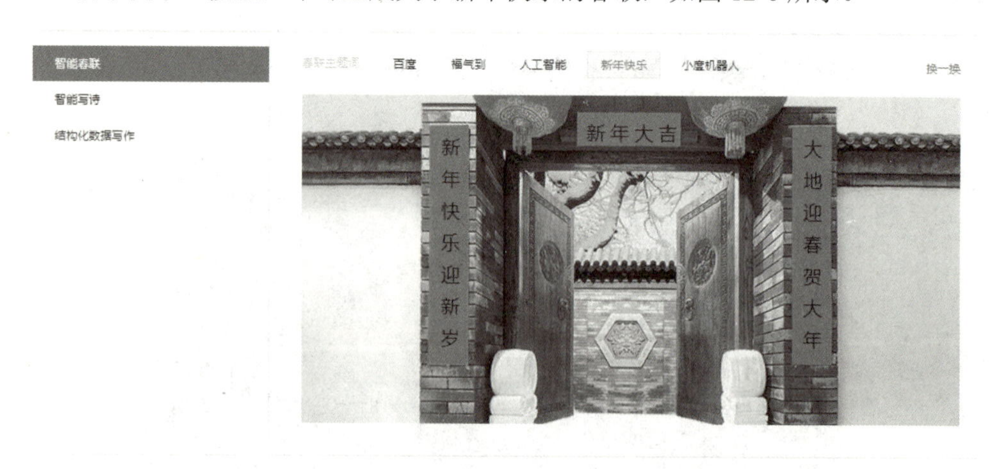

图 12-6　智能春联

7. 通用文字识别

AI 能力体验中心的通用文字识别主要包括通用文字识别、网络图片文字识别、办公文档识别、数字识别、手写文字识别、二维码识别、印章识别等。在 AI 能力体验中心首页单击“通用文字识别”→“通用文字识别”按钮，在弹出界面的“功能演示”选区中选择系统提供的示例图片，可以看到通用文字识别效果，如图 12-7 所示。

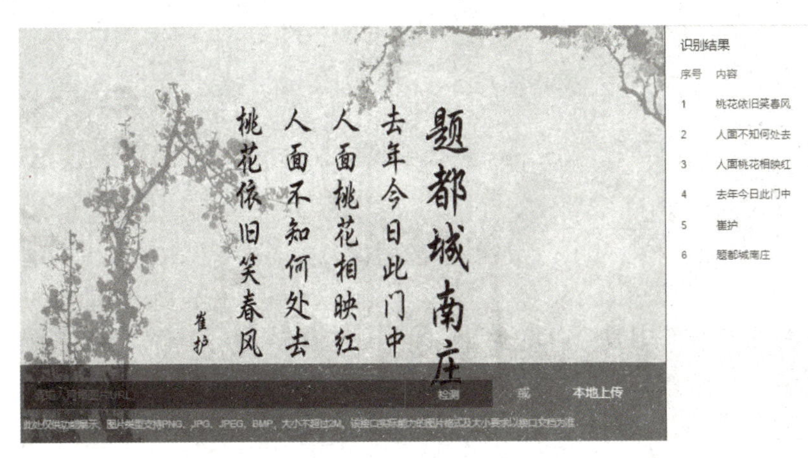

图 12-7 通用文字识别效果

8. 卡证文字识别

AI 能力体验中心的卡证文字识别主要包括身份证识别、银行卡识别、营业执照识别、护照识别、户口本识别、结婚证识别等。在 AI 能力体验中心首页单击“卡证文字识别”按钮，选择证件类型，然后单击“本地上传”按钮，找到相应的证件图片，单击“打开”按钮，即可识别字段信息并显示识别结果。

9. 交通文字识别

AI 能力体验中心的交通文字识别主要包括行驶证识别、驾驶证识别、车牌识别、车架 VIN 码识别、车辆合格证识别、二手车销售发票识别等。其中，车牌识别效果如图 12-8 所示。

图 12-8 车牌识别效果

10. 票据文字识别

AI 能力体验中心的票据文字识别主要包括智能财务票据识别、银行回单识别、增值税发票识别、火车票识别、出租车票识别、飞机行程单识别、网约车行程单等。

11. 其他文字识别

AI 能力体验中心的其他文字识别主要包括试卷分析与识别、仪器仪表盘读数识别等。

三、自我训练

（1）拍摄一张植物图片，使用 AI 能力体验中心的植物识别功能，识别该植物的名称和置信度。

（2）手写一段文字并拍照上传，使用 AI 能力体验中心的手写文字识别功能，识别图中的文字。

（3）使用 AI 能力体验中心的情感倾向分析功能，输入几段日常文字，识别情感偏向。

第 2 部分

习题集

- 习题 1　计算机概论
- 习题 2　计算机系统组成
- 习题 3　计算机网络与信息安全
- 习题 4　Python 程序设计
- 习题 5　人工智能基础

习题 1 计算机概论

单项选择题

1．下面有关第一台通用计算机 ENIAC 的说法，正确的是（　　）。

A．ENIAC 是在 20 世纪 50 年代问世的

B．ENIAC 的耗电太小了，所以它的功能也有限

C．ENIAC 的中文含义是电子数字积分计算机

D．ENIAC 是由牛顿等人研发成功的

2．我们所说的裸机是指（　　）。

A．无硬盘的计算机系统　　B．无键盘的计算机系统

C．无硬件系统的计算机系统　　D．没有配备软件的计算机系统

3．计算机应用范围广、自动化程度高是因为计算机（　　）。

A．内部采用二进制存储数据　　B．采用程序控制工作方式

C．运算速度快　　D．价格便宜，设计先进

4．计算机最早的应用领域是（　　）。

A．数据处理　　B．计算机辅助技术　C．科学计算　　D．多媒体技术应用

5．下列说法正确的是（　　）。

A．微型计算机最早出现在第一代计算机中

B．冯·诺依曼提出的计算机体系结构奠定了现代计算机的结构理论基础

C．世界上第一台通用计算机 ENIAC 是在 1950 年诞生的

D．按照计算机的运算速度，人们把计算机的发展过程分为 4 个时代

6．逻辑元件采用晶体管的计算机被称为（　　）。

A．第二代计算机　　B．第一代计算机

C．第四代计算机　　D．第三代计算机

7．第一代电子计算机使用的逻辑元件是（　　）。

A．晶体管　　B．集成电路　　C．电子管　　D．大规模集成电路

8. 世界上不同型号计算机的基本工作原理都是（　　）。
   A. 存储程序与程序控制　　B. 多用户
   C. 多任务　　D. 程序设计
9. 在软件方面，第一代计算机主要使用（　　）。
   A. 高级语言　　B. 数据库管理系统
   C. 机器语言　　D. BASIC 和 C 语言
10. 计算机辅助设计的英文简称是（　　）。
   A. CAT　　B. CAD　　C. CAI　　D. CAM
11. 计算机辅助教学的英文简称是（　　）。
   A. CAM　　B. CAI　　C. CAT　　D. CAD
12. 计算机辅助制造的英文简称是（　　）。
   A. CAI　　B. CAD　　C. CAT　　D. CAM
13. 财务软件属于（　　）。
   A. 数据处理　　B. 自动控制　　C. 数值计算　　D. 人工智能
14.（　　）是巨型计算机的主要特点。
   A. 质量大　　B. 功能强　　C. 体积大　　D. 功耗大
15. 现代计算机之所以能够自动连续地进行数据处理，主要是因为（　　）。
   A. 采用二进制　　B. 采用半导体器件
   C. 采用开关电路　　D. 具备存储程序的功能
16. 设计飞机、汽车、电视、自行车属于计算机在（　　）中的应用。
   A. 计算机辅助制造　　B. 计算机科学计算
   C. 计算机教学和训练　　D. 计算机辅助设计
17. 汽车加工中心、数控机床和仪器制造系统都属于（　　）。
   A. CAM　　B. CIMS　　C. CAD　　D. CAPP
18. 使用计算机控制人造卫星、无人驾驶飞机和导弹的发射，这属于计算机在（　　）中的应用。
   A. 辅助教学　　B. 实时控制　　C. 辅助设计　　D. 数据处理
19. 下面有关计算机的叙述，正确的是（　　）。
   A. 模拟计算机是指用一种连续变化的模拟量作为被运算对象的计算机
   B. 小型计算机是指用于原子探测的计算机
   C. 巨型计算机是指处理大型事务的计算机
   D. 超级计算机是指专门用于处理数字信息的计算机
20. 下列有关人工智能的表述，不正确的是（　　）。
   A. 人工智能就是让计算机做人所做的事情
   B. 计算机博弈属于人工智能的范畴
   C. AI 与人工智能有关
   D. 人工智能与机器智能不同
21. PC 属于（　　）。
   A. 智能计算机　　B. 微型计算机　　C. 中型计算机　　D. 巨型机

22. 下列有关计算机的描述，不正确的是（　　）。
    A. 计算机是一种具有逻辑判断能力的电子装置
    B. 计算机是一种具有信息处理能力的电子装置
    C. 计算机是一种可自动产生操作步骤的电子装置
    D. 计算机是一种高度自动化的电子装置
23. 最能准确反映计算机主要功能的描述是（　　）。
    A. 计算机是一种信息处理机　　B. 计算机可以实现自动化
    C. 计算机可以实现大量运算　　D. 计算机可以代替人
24. 目前，许多企事业单位都使用计算机计算和管理职工工资，这属于（　　）。
    A. CAI　　B. CAD　　C. 人工智能　　D. 数据处理
25. 计算机中的数据是指（　　）。
    A. 程序、数字　　B. 声音、图形
    C. 人工智能　　D. 程序、数字、声音、图形等信息
26. 重码是指相同的一个编码可对应（　　）个汉字。
    A. 1　　B. 2　　C. 3　　D. 多
27. 在“全角”格式下，一个 ASCII 字符的显示位置等于（　　）个汉字的宽度。
    A. 1　　B. 2　　C. 3　　D. 半
28. 在汉字字模库中，32×32 点阵字形码用（　　）字节存储一个汉字。
    A. 16　　B. 32　　C. 72　　D. 128
29. 下列数据中，不可能是八进制数的是（　　）。
    A. 552　　B. 589　　C. 643　　D. 322
30. 人们使用的微型计算机属于（　　）。
    A. 数字计算机　　B. 专用计算机　　C. 模拟计算机　　D. 模拟混合计算机
31. 存在一个数值 152，它与十六进制数 6A 相等，那么它是（　　）。
    A. 二进制数　　B. 四进制数　　C. 八进制数　　D. 十进制数
32. 下列 4 个数中，不可能是二进制数的是（　　）。
    A. 2102　　B. 10000111　　C. 11110　　D. 10011
33. 以二进制和程序控制为基础的计算机体系结构是由（　　）最早提出的。
    A. 莱布尼茨　　B. 图灵　　C. 帕斯卡　　D. 冯·诺依曼
34. ASCII 码是（　　）。
    A. 输入码　　B. 国际码
    C. 美国标准信息交换码　　D. 区位码
35. 在微机中，字符的比较是比较它们的（　　）。
    A. ASCII 码值　　B. 国标码值　　C. 区位码值　　D. 大小写值
36. ASCII 码是用（　　）位 0、1 字符串来编码的。
    A. 30　　B. 14　　C. 20　　D. 7
37. 下列关于 ASCII 码在计算机中的表示方法，描述准确的是（　　）。
    A. 使用 8 位二进制数，最左边一位是 1
    B. 使用 8 位二进制数，最左边一位是 0

C．使用 8 位二进制数，最右边一位是 0

D．使用 8 位二进制数，最右边一位是 1

38．下列字符中，ASCII 码值最小的是（　　）。

A．b　　B．B　　C．z　　D．Z

39．已知英文小写字母“a”的 ASCII 码值是十六进制数 61H，那么小写字母“d”的 ASCII 码值是（　　）。

A．74H　　B．64H　　C．54H　　D．34H

40．下列字符中，ASCII 码值最大的是（　　）。

A．空格　　B．5　　C．k　　D．G

41．按照对应的 ASCII 码值比较，下列不正确的是（　　）。

A．“c”比“b”大　　B．“t”比“R”大

C．“A”比“a”大　　D．逗号比空格大

42．五笔字型是一种（　　）汉字输入方法。

A．音码　　B．形码　　C．音形码　　D．混合码

43．标准汉字库的容量取决于（　　）的大小。

A．汉字尺寸　　B．汉字笔画数量

C．字模点阵　　D．内存容量

44．在 32×32 点阵的字库中，“电”字的字模和“脑”字的字模所占的存储单元个数是（　　）。

A．“电”字占得多　　B．“脑”字占得多

C．两个字一样多　　D．不能确定

45．汉字的显示或打印质量与（　　）有关。

A．显示屏的大小　　B．计算机功率

C．汉字所用的点阵类型　　D．打印的速度

46．计算机内部信息的表示和采用二进制存储的最主要原因是（　　）。

A．避免与十进制混淆　　B．成本低

C．容易记忆和计算　　D．与逻辑电路硬件相适应

47．将八进制数 413 转换为十进制数是（　　）。

A．265　　B．299　　C．267　　D．324

48．将二进制数 100101110 转换为十进制数是（　　）。

A．207　　B．200　　C．218　　D．302

49．将十进制数 168 转换为二进制数是（　　）。

A．1011000　　B．10101000　　C．101010　　D．110100

50．将十六进制数 10AC 转换为二进制数是（　　）。

A．1000010101100　　B．1010011010101

C．1101110101010　　D．1000010110110

计算机系统组成

单项选择题

1．计算机系统是由（　　）两大部分组成的。

A．硬件系统和软件系统　　B．程序和指令

C．硬件系统和操作系统　　D．主机和显示器

2．冯·诺依曼体系结构的计算机硬件系统由（　　）构成。

A．主机、内存

B．鼠标、键盘和 CPU

C．运算器、控制器、存储器、输入 / 输出设备

D．CPU、运算器、输入 / 输出设备

3．软件是（　　）的总称。

A．文档和命令　　B．程序和文档

C．程序　　D．操作系统和指令

4．计算机软件系统分为（　　）两大类。

A．系统软件和应用软件　　B．应用软件和指令

C．操作系统和程序　　D．程序设计语言和文档

5．为了保护软件开发者的权益，我国制定了一些与计算机软件相关的法律，其中不包括（　　）。

A．国际法　　B．商业秘密法　　C．著作权法　　D．专利法

6．计算机软件与硬件的关系是（　　）。

A．相互独立　　B．相互依存，不可分割的有机整体

C．相互对立　　D．以上均正确

7．软件和程序的主要区别是（　　）。

A．程序是用自然语言编写的，而软件是由高级语言编写的

B．软件是程序和文档的总称，而程序只是软件的一部分

C．程序是由程序员编写的，而软件是由机器产生的

D．程序质量好，软件质量不好

8．我们所说的“裸机”是指（　　）。

A．计算机主机暴露在外

B．计算机没有主机箱

C．未安装任何软件的计算机

D．只安装操作系统的计算机

9．计算机的指挥中心是指（　　）。

A．运算器　　B．控制器　　C．存储器　　D．中央处理器

10．（　　）组成了计算机的中央处理器，简称 CPU。

A．输入设备和输出设备　　B．控制器和运算器

C．主机和外设　　D．运算器和主机

11．（　　）是 PC 中最核心的部件，它决定了 PC 的性能和速度。

A．主机箱　　B．I/O 设备　　C．CPU　　D．鼠标

12．计算机的 CPU 主频是指（　　）。

A．控制器执行指令的速度

B．计算机的字长

C．CPU 内核工作时的时钟频率

D．运算器的运算速度

13．绝大多数 CPU 产品都是由（　　）公司生产的。

A．Intel 和 AMD　　B．神威和银河

C．联想和 IBM　　D．曙光和 Dell

14．关于计算机 CPU 的字长，下列说法不正确的是（　　）。

A．字长越长，CPU 主频就越高

B．字长越长，CPU 同时处理的数据位数就越多

C．字长越长，运算速度就越快

D．字长越长，计算精度就越高

15．一台计算机 CPU 的字长为 4 字节，它表示（　　）。

A．能处理的数值最大为 4 位十进制数 99

B．在 CPU 中运行的数据结果最大为 4 的 16 次方

C．能处理的字符串最多由 4 个英文字母组成

D．在 CPU 中作为一个整体同时加以传送和处理的数据是 32 位的二进制字符串

16．我国自主研发的第一枚通用 CPU 微处理芯片是（　　）。

A．联想　　B．浪潮 1 号　　C．天河一号　　D．龙芯 1 号

17．从第一代电子计算机到第四代计算机的体系结构都是由运算器、控制器、存储器和输入 / 输出设备组成的，这被称为（　　）体系结构。

A．冯 • 诺依曼　　B．帕斯卡　　C．牛顿　　D．图灵

18．计算机的存储器分为（　　）。

A．U 盘和硬盘　　B．光盘和软盘　　C．ROM 和 RAM　　D．内存和外存

19．关于存储器，下列说法不正确的是（　　）。

A．从存储器的某个单元取出其内容后，该单元的内容将消失

B．从存储器的某个单元取出其内容后，该单元的内容仍保留不变

C．在存储器的某个单元存入新信息后，原来保存的内容将自动丢失

D．存储器中的内容可以无数次地读取

20．运行计算机系统所需的关键程序和数据（如开机自检程序等）一般保存在（　　）中。

A．ROM　　B．外设　　C．光盘　　D．RAM

21．大量计算机暂时不执行的程序，以及目前尚不需要处理的数据被存放在（　　）中。

A．硬盘　　B．外存　　C．外设　　D．Cache

22．（　　）被称为计算机的主机。

A．CPU 和运算器　　B．输入设备和输出设备

C．主机和外设　　D．CPU 和内部存储器

23．当前正在执行的程序和相关数据被存放在计算机的（　　）中。

A．内存　　B．外存　　C．硬盘　　D．光盘

24．通常我们所说的 64 位机，指的是这种计算机的 CPU（　　）。

A．能同时处理 64 位二进制数据

B．只能处理 64 位的数据

C．内部有 64 个存储器

D．内部有 64 个寄存器

25．在下列存储器中，（　　）是 CPU 访问速度最快的存储器。

A．内存储器　　B．外存储器　　C．硬盘　　D．U 盘

26．外存储器的数据要（　　）才能被 CPU 直接处理。

A．调入 ROM　　B．转换为 0、1 代码串

C．调入 RAM　　D．调入主机

27．计算机中的“内存”或“主存储器”一般是指（　　）。

A．控制器　　B．运算器　　C．ROM　　D．RAM

28．内存与外存的主要区别是（　　）。

A．内存存储容量大、速度快、价格更便宜（以兆算），外存则相反

B．内存存储容量大、速度慢、价格更便宜（以兆算），外存则相反

C．内存存储容量小、速度快、价格更贵（以兆算），外存则相反

D．内存存储容量小、速度慢、价格更贵（以兆算），外存则相反

29．下面关于计算机的 RAM 特点，说法正确的是（　　）。

A．只能写入信息，且断电后就丢失

B．只能读出信息，不能写入信息

C．能写入和读出信息，断电后信息也不丢失

D．能写入和读出信息，但断电后信息就丢失

30．下面关于计算机的 ROM 特点，说法正确的是（　　）。

A．仅可以读出一次信息，但可以多次写入信息

B．可以多次读出信息，但仅可以写入一次信息
C．可以读出信息，但不可以写入信息，断电后信息也不丢失
D．既可以读出信息，也可以写入信息，断电后信息也不丢失

31．PC 上的（　　）都做成内存条。
A．外存　　B．ROM　　C．RAM　　D．Cache

32．从键盘上输入的数据首先存放在计算机的（　　）中。
A．外存　　B．内存　　C．U 盘　　D．光盘

33．PC 上普遍使用的高速缓冲存储器是指（　　）。
A．静态存储器　　B．Cache
C．动态存储器　　D．随机存取存储器

34．在计算机中配置 Cache 的目的是要解决（　　）。
A．CPU 与内存储器之间速度不匹配的问题
B．CPU 与辅助存储器之间速度不匹配的问题
C．内存存储容量不足的问题
D．内存与辅助存储器之间速度不匹配的问题

35．把硬盘驱动器称为外存的原因是（　　）。
A．使用磁性材料作为存储介质　　B．CPU 能直接存取其中的信息
C．CPU 不能直接存取其中的信息　　D．硬盘驱动器放在主机箱外面

36．关于存储容量单位之间的换算关系，下面正确的是（　　）。
A．1MB=1024 KB　　B．1MB=1024 GB
C．1B=1024 bit　　D．1GB=1024 TB

37．光驱的倍速越大，（　　）。
A．声音就越好　　B．所能读取光盘的容量就越小
C．播放 DVD 的效果就越好　　D．数据传输速度就越快

38．移动硬盘和 U 盘属于（　　）。
A．机器　　B．外存储器　　C．内存储器　　D．运算器

39．用户输入的数据要及时保存到（　　）中，以免由于突然断电而造成丢失。
A．外存　　B．RAM　　C．ROM　　D．磁盘

40．下面不属于外存的是（　　）。
A．硬盘　　B．软盘　　C．光盘　　D．RAM

41．不同的外部设备必须通过不同的（　　）才能与主机相连。
A．总线　　B．接口电路　　C．线路　　D．部件

42．关于 U 盘，下面说法正确的是（　　）。
A．U 盘的存储介质是由半导体材料构成的
B．U 盘的存储介质是由磁性材料构成的
C．在插上或拔下 U 盘时必须先关闭电源
D．在使用 U 盘时应避免摇动，以免损坏

43．一个 52 倍速的 CD-ROM 光盘驱动器的数据传输速率是（　　）。
A．7.8Mbps　　B．100Mbps　　C．21Mbps　　D．26Mbps

44．关于磁盘格式化，下面说法正确的是（　　）。

A．只有新磁盘可以格式化，旧磁盘（使用过的）不能进行格式化

B．新磁盘在首次使用前必须格式化。旧磁盘也可以格式化，但格式化后所存的数据会被清除

C．新磁盘格式化后可以存放更多的数据

D．新磁盘不用格式化也可以使用，只不过数据存放的时候杂乱无章罢了

45．关于 CD-ROM 光盘驱动器和光盘，下面说法错误的是（　　）。

A．CD-ROM 光盘都是单面的，正面存储信息，背面印制标签

B．CD-ROM 光盘上的光道和磁盘上的磁道一样，都是一个个的同心圆

C．基于激光技术的外部存储设备，其存储介质是光盘

D．通过 CD-ROM 光盘驱动器只能读取光盘上的数据，而不能将数据保存到光盘中

46．打印质量最好的打印机是（　　）。

A．激光打印机　　B．针式打印机

C．击打式打印机　　D．喷墨打印机

47．PC 的接口卡位于（　　）之间。

A．外部设备与总线　　B．主板与总线

C．内存与外部设备　　D．硬盘与外部设备

48．PC 中的显示器是连接在（　　）上的。

A．CPU 插槽　　B．硬盘　　C．内存条插槽　　D．显卡

49．打印机不能打印文档的原因不可能是因为（　　）。

A．没有经过打印预览查看　　B．没有安装打印驱动程序

C．没有打开打印机的电源　　D．没有连接打印机

50．（　　）属于输入设备。

A．触摸屏　　B．打印机　　C．绘图仪　　D．显示器

51．（　　）不属于输出设备。

A．扫描仪　　B．音箱　　C．打印机　　D．绘图仪

52．（　　）不属于外部设备。

A．绘图仪和软盘　　B．音箱和显示器

C．触摸屏和光盘　　D．ROM 和 RAM

53．当 PC 的硬盘正在工作时，对它影响最大的情况是（　　）。

A．环境昏暗　　B．光线直射　　C．剧烈震动　　D．较大噪声

54．由（　　）两部分构成计算机的基本指令。

A．操作数和地址码　　B．操作码和操作数

C．操作码和操作数地址码　　D．命令和地址码

55．Excel 2016 软件属于（　　）。

A．应用软件　　B．调试程序　　C．汇编语言　　D．解释程序

56．应用软件和系统软件的关系是（　　）。

A．相互独立　　B．系统软件是应用软件的基础

C．应用软件是系统软件的基础　　D．以上说法都不正确

57．最基础、最重要的系统软件是（　　），如果缺少它，计算机就无法工作。

A．程序库　B．语言处理程序　C．操作系统　D．调试程序

58．单位使用的工资管理软件属于（　　）。

A．应用软件　B．系统软件　C．传播软件　D．程序软件

59．将汇编语言源程序翻译为目标程序的工具是（　　）。

A．编译程序　B．系统软件　C．编辑程序　D．汇编程序

60．操作系统的作用是（　　）。

A．把源程序翻译为目标程序　B．实现软、硬件的交流

C．管理和控制系统资源的使用　D．提供优质服务

61．不属于系统软件的是（　　）。

A．语言处理程序　B．操作系统　C．实用程序　D．画图

62．内存与磁盘交换信息是以（　　）为单位进行的。

A．吉字节　B．兆字节　C．字　D．字节

63．编译程序和解释程序的主要区别是（　　）。

A．解释程序是把源程序翻译为目标程序，而编译程序是翻译为语言处理程序

B．编译程序是把源程序整体翻译为目标程序后再执行，而解释程序是边翻译边执行

C．编译程序执行速度快，解释程序执行速度慢

D．两者之间没有区别

64．语言处理程序分为（　　）。

A．解释程序、汇编程序和编译程序

B．操作指令、汇编程序和翻译程序

C．由程序员编写的程序、可执行程序和由用户编写的程序

D．机器语言程序、调试程序和高级语言程序

65．下面有关程序设计语言的说法，正确的是（　　）。

A．程序设计语言编写的程序不可以直接运行

B．程序设计语言分为高级语言和低级语言

C．程序设计语言分为机器语言、汇编语言和高级语言

D．程序设计语言分为自然语言和高级语言

计算机网络与信息安全

单项选择题

1. 计算机网络的主要功能是（　　）。
   A．提高系统的可靠性　　B．资源共享
   C．网络计算　　D．信息交换
2. 下列不属于计算机网络功能的是（　　）。
   A．资源共享　　B．信息交换　　C．文字处理　　D．分布式处理
3. 按照网络的地理范围分类，计算机网络可分为局域网、城域网和（　　）。
   A．广域网　　B．中型网　　C．小型网　　D．大型网
4. 局域网的拓扑结构主要有星型、（　　）、总线型和网状结构 4 种。
   A．T 型　　B．环型　　C．链型　　D．关系型
5. 广域网、城域网和局域网是按照（　　）来分类的。
   A．网络使用者　　B．信息交换方式
   C．网络连接距离　　D．传输控制规程
6. 下列有关电子邮件的说法，错误的是（　　）。
   A．电子邮件是 Internet 提供的一项基本服务
   B．电子邮件可以传递文字、图片等信息，但不可以传递声音、视频等多媒体信息
   C．通过电子邮件，可以向世界上任何一个网上用户发送信息
   D．电子邮件具有快速、高效、方便、价廉等特点
7. （　　）是接入 Internet 的计算机必须安装的通信协议。
   A．IPX　　B．TCP/IP　　C．NetBEUI　　D．UDP
8. 超文本与普通文档的最大区别在于，超文本有（　　）。
   A．声音　　B．超链接　　C．图像　　D．都不是
9. （　　）语言是用于创建可从一个平台移植到另一个平台的超文本文档，是一种超文

本标记语言，经常用来创建 Web 页面。

A. C　B. BASIC　C. Java　D. HTML

10. 浏览器的收藏夹功能是在浏览到一些较好的网站时，（　　）。

A. 记忆感兴趣的内容　B. 收集感兴趣的文件名称

C. 收藏文件内容　D. 收藏页面地址

11. 收到一封邮件，再把它寄给其他人，一般可以用（　　）功能。

A. 回复　B. 编辑　C. 转寄　D. 发送

12. E-mail 的地址格式为 username@hostname。其中，hostname 被称为（　　）。

A. 邮件服务器名　B. 某网站名　C. 某网络公司名　D. 用户名

13. 目前在 WWW 中应用较广的协议是（　　）。

A. HTML　B. HTTP　C. SMTP　D. DNS

14.（　　）以超文本置标语言与超文本传输协议为基础，将位于 Internet 上不同网址的相关数据有机地组合在一起，并提供友好的用户查询界面。

A. WWW　B. HTTP　C. HTML　D. TCP/IP

15. TCP 的主要功能是（　　）。

A. 进行数据传输　B. 接收包

C. 查错　D. 保证传输地址是正确的

16. IP 的主要功能是（　　）。

A. 进行数据传输　B. 接收包

C. 查错　D. 保证传输地址是正确的

17. 在 TCP/IP 网络中，接入网络的任何一台计算机，不管是大型机、小型机或微型机，都称为主机，每一台主机都被指定唯一的编号，称为（　　）。

A. 服务器　B. 网址　C. 结点　D. IP 地址

18. IPv6 规定 IP 地址由（　　）位二进制数组成。

A. 32　B. 16　C. 4　D. 128

19. IP 地址一般由（　　）构成。

A. 网络标识和主机标识　B. 网络标识和网关

C. 子网掩码和主机标识　D. DNS 和网络标识

20. 以下属于合法的 IPv4 地址的是（　　）。

A. 192.168.298.30　B. 192.168.0.1

C. 10.288.165.32　D. 210.36.65.366

21. www.pku.edu.cn 域名属于（　　）。

A. 中国的教育界　B. 中国的工商界

C. 工商界　D. 网络机构

22. 下列是某单位主页的 Web 地址 URL。其中，符合 URL 格式的是（　　）。

A. http//www.pku.edu.cn　B. http://www.pku.edu.cn

C. http:www.pku.edu.cn　D. http:/www.pku.edu.cn

23. 传输速率的单位是 bit/s，其含义是（　　）。

A. bytes per second　B. baud per second　C. bits per second　D. billion per second

24. 局域网是在局部地区内传送信息并实现资源共享的计算机网络，因此它不能（　　）。

A. 连接距离较远的两个城市之间的用户

B. 使用光纤作为传输媒介

C. 连接外围设备或不同型号的计算机

D. 与大型计算机连接

25. 互联网上的服务都基于一种协议，WWW 服务基于（　　）。

A. SMIP　　B. SNMP　　C. HTTP　　D. Telnet

26. DNS 的中文含义是（　　）。

A. 域名　　B. 域名服务器　　C. 网关　　D. 子网掩码

27. 电子邮箱的地址由（　　）。

A. 用户名和邮件服务器名两部分组成，它们之间用“@”符号分隔

B. 邮件服务器名和用户名两部分组成，它们之间用“@”符号分隔

C. 邮件服务器名和用户名两部分组成，它们之间用“·”符号分隔

D. 用户名和邮件服务器名两部分组成，它们之间用“·”符号分隔

28. 局域网中每一台计算机的网卡上都具有全球唯一的（　　）地址，用于标识局域网内不同的计算机。

A. IP　　B. DNS　　C. SMTP　　D. MAC

29. 一个计算机机房创建的网络属于（　　）。

A. 局域网　　B. 城域网　　C. 广域网　　D. 互联网

30. Internet 的前身是（　　）。

A. 局域网　　B. 对等网

C. ARPAnet（阿帕网）　　D. 城域网

31.（　　）是指从一个网页指向一个目标的连接关系，这个目标可以是网页、图片、视频、电子邮件地址、文件或应用程序等。

A. 文件传输　　B. URL　　C. 网址　　D. 超链接

32. 在 Internet 中的 Web 服务器上，每一个信息资源都有统一的、在网上唯一的地址，这个地址被称为（　　）地址。

A. 网关　　B. DNS　　C. URL　　D. HTTP

33. 下列属于合法的电子邮件地址的是（　　）。

A. abc#163.com　　B. abc163.com　　C. abc@163.com　　D. @163.com

34. 下列关于电子邮件的说法，不正确的是（　　）。

A. 电子邮件是用户或用户组之间通过计算机网络收 / 发信息的服务

B. 向对方发送电子邮件时，对方不一定要开机

C. 发送电子邮件时，一次只能发给一个接收者

D. 电子邮件由邮件头和邮件体两部分组成

35. 防止 U 盘感染病毒的有效方法是（　　）。

A. 不要把干净的 U 盘和有病毒的 U 盘放在一起

B. 将 U 盘写保护

C. 保持机房清洁

D. 定期对 U 盘格式化

36. 下列关于计算机病毒的叙述，正确的是（　　）。

A. 计算机病毒也是一种程序，起干扰、破坏作用，但不能传染其他计算机

B. 计算机病毒可以破坏显示器

C. 计算机病毒能够自我复制

D. 计算机病毒跟人生病一样

37. 下列不属于计算机病毒特征的是（　　）。

A. 潜伏性　　B. 免疫性　　C. 传染性　　D. 可激活性

38.（　　）是计算机病毒程序最本质的特征。

A. 潜伏性　　B. 针对性　　C. 传染性　　D. 可激活性

39. 若发现某 U 盘已经感染上病毒，则可（　　）。

A. 换一台计算机使用该 U 盘上的文件

B. 将该 U 盘报废

C. 用杀毒软件清除该 U 盘上的病毒，或者在确认无病毒的计算机上格式化该 U 盘

D. 将该 U 盘上的文件复制到另一个 U 盘上使用

40. 计算机病毒所造成的危害是（　　）。

A. 使 U 盘腐烂　　B. 使计算机系统突然掉电

C. 使计算机内存芯片损坏　　D. 破坏计算机系统

41. 按照破坏性分类，计算机病毒分为（　　）。

A. 良性病毒和恶性病毒　　B. 引导型病毒和文件型病毒

C. 单机病毒和网络病毒　　D. 宏病毒和蠕虫病毒

42. 按照传播途径分类，计算机病毒分为（　　）。

A. 良性病毒和恶性病毒　　B. 引导型病毒和文件型病毒

C. 单机病毒和网络病毒　　D. 宏病毒和蠕虫病毒

43. 目前使用的防病毒软件能（　　）。

A. 清除已感染的任何病毒　　B. 查出已知的病毒，并清除部分病毒

C. 查出任何已感染的病毒　　D. 预防任何病毒

44. 计算机病毒是（　　）。

A. 计算机自身产生的软 / 硬件故障

B. 由于使用计算机的方法不当而产生的软 / 硬件故障

C. 由于计算机内数据存放不当而产生的软 / 硬件故障

D. 人为制造出来的具有破坏性的程序

45. 计算机病毒是（　　）。

A. 细菌感染　　B. 一种被破坏了的程序

C. 生物病毒的一种　　D. 具有破坏性并能自我复制的程序

46. 计算机中的恶性病毒（　　）。

A. 无危害

B. 恶意攻击计算机硬 / 软件资源，危害性较大

C. 不会传染

D. 不会占用大量系统资源，使计算机系统无法正常工作

47. 与防病毒卡相比，防病毒软件的优点是（　　）。

A. 速度快　　B. 不便于升级

C. 成本高　　D. 安装简单，便于升级

48. 下列关于计算机病毒的说法，正确的是（　　）。

A. 任何一种计算机防病毒工具都可以检测和清除所有病毒

B. 感染病毒的计算机只能格式化硬盘

C. 使用光盘不会感染病毒

D. 网络是病毒普遍的传播途径之一

49. 下列不属于计算机病毒发作症状的是（　　）。

A. 计算机经常无法正常启动或反复重新启动

B. 计算机运行速度变慢，或者经常出现内存不足、硬盘空间不够的情况

C. 计算机经常出现出错信息、程序工作异常等情况

D. 计算机的显示器被破坏

50.（　　）是指喜欢挑战难度、寻找各类计算机系统漏洞和破解各种密码的计算机高手。

A. 骇客　　B. 游客　　C. 黑客　　D. 肉鸡

51. 下列关于宏病毒的说法，正确的是（　　）。

A. 宏病毒主要感染可执行文件

B. 新型宏病毒无法查杀

C. 宏病毒主要感染软盘、硬盘的引导扇区或主引导扇区

D. 凡是具有写宏能力的软件都可能存在宏病毒

52. 下列关于计算机病毒的叙述，错误的是（　　）。

A. 计算机病毒具有破坏性和传染性

B. 计算机病毒不会破坏计算机的显示器

C. 计算机病毒是一种程序

D. 杀毒软件可以杀除所有的计算机病毒

53.（　　）是计算机感染病毒的可能途径。

A. 从键盘上输入数据　　B. 电源不稳定

C. 运行网络上下载的软件　　D. U 盘不清洁

54. 下列关于预防计算机病毒的措施，不正确的是（　　）。

A. 不要使用来历不明的光盘

B. 做好重要文件和数据的备份

C. 定期清洗计算机

D. 不要打开来历不明的电子邮件

55. 我国首次把计算机软件作为一种知识产权列入法律保护范畴的文件是（　　）。

A.《计算机软件保护条例》　　B.《中华人民共和国技术合同法》

C.《计算机软件著作权登记办法》　　D.《中华人民共和国著作权法》

56. 我国已将计算机软件的知识产权列入（　　）权保护范畴。

A. 著作　　B. 软件　　C. 技术　　D. 合同

Python 程序设计

单项选择题

1．下列关于 Python 程序设计风格的描述，错误的是（　　）。

A．Python 中是区分大小写的

B．在 Python 语句中，增加缩进表示语句块的开始，减少缩进表示语句块的退出

C．Python 可以使用续行符“\”将一条长语句分成多行显示

D．Python 中不允许把多条语句写在同一行

2．用于安装 Python 第三方库的工具是（　　）。

A．jieba　　B．Yum　　C．Loso　　D．pip

3．下列关于 Python 语句的叙述，正确的是（　　）。

A．程序的每一行只能写一条语句

B．同一层次的语句必须对齐

C．语句可以从一行中的任意位置开始

D．Python 中不允许把多条语句写在同一行

4．关于 Python 的组合数据类型，下列选项中描述错误的是（　　）。

A．组合数据类型可以分为 3 类：序列类型、集合类型和映射类型

B．序列类型是二维元素向量，元素之间存在先后关系，通过序号访问

C．Python 的 str、tuple 和 list 类型都属于序列类型

D．Python 的组合数据类型能够将多个同类型或不同类型的数据组织起来，通过单一的表示使数据操作更有序、更容易

5．关于 Python 的数字类型，下列选项中描述错误的是（　　）。

A．Python 整数类型提供了 4 种进制表示：十进制、二进制、八进制和十六进制

B．Python 语言要求所有的浮点数必须带有小数部分

C．在 Python 语言中，复数类型中实数部分和虚数部分的数值都是浮点类型，复数的虚数部分通过“C.”或“c”后缀来表示

D．Python 语言提供 int、float 和 complex 等数字类型

6．下列选项中不属于组合数据类型的是（　　）。

A．变体类型　　B．字典类型

C．映射类型　　D．序列类型

7．下列关于 Python 中变量命名规则的叙述，错误的是（　　）。

A．不能使用保留字

B．区分英文字母的大小写

C．变量名可以使用任意字符

D．变量名必须以字母或下画线开头，可以包含字母、数字或下画线

8．下列关于 Python 的描述错误的是（　　）。

A．Python 语言采用严格的“缩进”来表明程序的格式框架

B．在 Python 语言中，字符串是用一对双引号 "" 或者一对单引号 '' 引起来的零个或多个字符

C．在 Python 语言中，赋值与二元操作符不可以组合

D．Python 语言的多行注释以 ''' （三个单引号）开头和结尾

9．下列选项中哪个为合法的 Python 变量名？（　　）

A．trueone　　B．False

C．import　　D．if

10．在执行 3+'3' 表达式后，结果为（　　）。

A．6　　B．'33'

C．33　　D．报错

11．下列选项中不能计算 a 的 b 次方的表达式的是（　　）。

A．a**b　　B．math.pow(a,b)

C．a^b　　D．pow(a,b)

12．下列选项中不符合 Python 语言变量命名规则的是（　　）。

A．am　　B．5a

C．_AI　　D．str1

13．下列关于 Python 语言描述正确的是（　　）。

A．Python 语言是一种面向机器的程序设计语言

B．Python 语言比 Java、C/C++ 等程序设计语言好

C．Python 编写的语言可读性强，因此它是一种自然语言

D．Python 语法简洁、类库丰富

14．下列各语句输出结果为 False 的是（　　）。

A．print(7>2)　　B．print(5>0)

C．print((1>2)or(2>1))　　D．print(2==0)

15．下列选项中不是 Python 逻辑运算符的是（　　）。

A．not　　B．and

C．break　　D．or

16．该流程图表示的算法结构是（　　）。

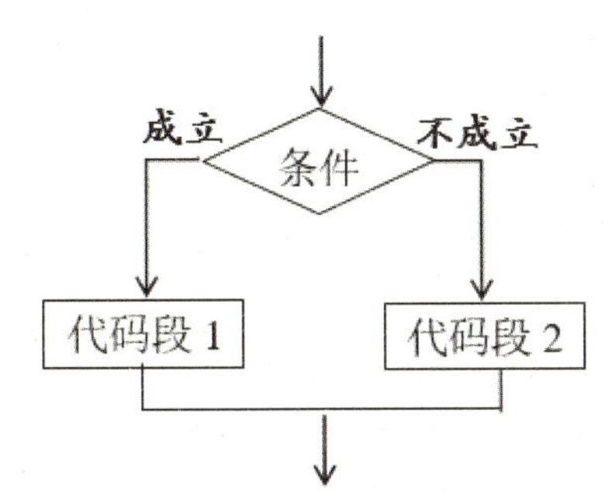

A．顺序结构　　B．选择结构　　C．循环结构　　D．网状结构

17．在 Python 中，具有输出功能的函数是（　　）。

A．input()　　B．print()　　C．float()　　D．int()

18．在 Python 中，能将字符串型数据转换为不含小数点的数字型数据的函数是（　　）。

A．str()　　B．print()　　C．float()　　D．int()

19．在 Python 中，下列程序段的运行结果是（　　）。

```
a=5
b=2
print(a%b)
```

A．2.5　　B．2　　C．1　　D．3

20．在 Python 语言中，表示取余运算的运算符是（　　）。

A．*　　B．/　　C．//　　D．%

21．在 Python 语言中，实现代码快速缩进的方法是（　　）。

A．连续空格键　　B．Tab　　C．Shift+Ctrl　　D．Alt+Tab

22．下面表示多行注释的是（　　）。

A．前后加 #　　B．前后加 '''　　C．前后加 ///　　D．以上都不是

23．下列选项中不是 Python 语言保留字的是（　　）。

A．for　　B．do　　C．in　　D．while

24．下列关于变量的说法错误的是（　　）。

A．变量用来暂时表示一个数据　　B．变量名可以是字母、数字、下画线

C．Python 的变量名不区分大小写　　D．数字不能作为变量名的开头

25．拟在屏幕上打印输出 Hello World，下列选项中正确的是（　　）。

A．print("Hello World")　　B．print(Hello World)

C．printf("Hello World")　　D．printf('Hello World')

26．在 Python 中，if 结构被用在（　　）。

A．语句相继被执行时

B．执行一些语句前必须先做出判断时

C．A 和 B 都是

D．A 和 B 都不是

27．下面哪一行代码的输出结果不是 Python3.10？（　　）

A．print("Python3.10")

B．print("Python+3.10")

C．print("Python"+str(3.10))

D．print("Python"+"3.10")

28．用流程图表示的基本控制结构如下，表示循环结构的是（　　）。

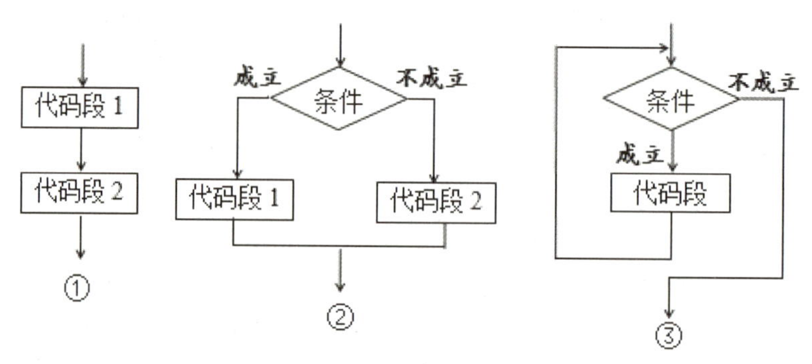

A．①　　B．②　　C．③　　D．②③

29．数学表达式$\frac{a-b}{a+b}$在 Python 中的正确表示为（　　）。

A．a-b/a+b　　B．(a-b)/a+b　　C．(a-b)/(a+b)　　D．a-b/(a+b)

30．在 Python 中，下列哪个值是整数？（　　）

A．str(5)　　B．"5.0"　　C．-5　　D．以上都不是

31．在 Python 程序中，已知列表 m=[2,4,0,23,1,20]，那么 m[1] 表示的元素为（　　）。

A．2　　B．4　　C．20　　D．1

32．若字符串 s='hello'，则 len(s) 的值为（　　）。

A．2　　B．6　　C．5　　D．4

33．print(35-10) 代码输出的结果是（　　）。

A．35-10　　B．'35-10'　　C．"35-10"　　D．25

34．在 Python 中，若 x=2.6，则表达式 int(x) 的结果为（　　）。

A．3　　B．2.6　　C．2.0　　D．2

35．在 Python 语句中，比较是否相等的运算符是（　　）。

A．=　　B．==　　C．!=　　D．<>

36．关于 Python 语句 A=-A，下列选项中描述正确的是（　　）。

A．A 和 A 的负数相等　　B．A 和 A 的绝对值相等

C．给 A 赋值为它的负数　　D．A 的值为 0

37．下列代码的输出结果为（　　）。

```
x=10
y=3
print(x%y,x**y)
```

A．3 1000　　B．1 30　　C．3 30　　D．1 1000

38．下列哪个符号可以用来修改变量的值？（　　）

A．>=　　B．==　　C．=　　D．!=

39．在 Python 中，下列程序段的运行结果是（　　）。

```
a=10
b=5
print(a+b)
```

A. 105　　B. 15　　C. '105'　　D. "15"

40. 在 Python 中，可处理的数据类型有（　　）。

①字符串型②数值型③列表

A. ①②　　B. ②③　　C. ①　　D. ①②③

41. 使用计算机解决问题，需要经历 4 个主要阶段，正确的是（　　）。

A. 分析问题→设计算法→编写代码→运行程序

B. 设计算法→分析问题→编写代码→运行程序

C. 分析问题→编写代码→设计算法→运行程序

D. 设计算法→编写代码→分析问题→运行程序

42. 下列有关 Python 的 while 循环结构的说法，不正确的是（　　）。

A. while 循环结构的一般格式为：while(表达式): 语句或语句组

B. 在执行过程中，表达式一般为一个关系表达式或逻辑表达式

C. 若表达式为真，则执行循环体；若表达式为假，则退出循环

D. while 循环不能与 break 语句一起使用

43. 在 Python 中，75>70 and 75<85 表达式的值为（　　）。

A. 0　　B. 1　　C. True　　D. False

44. 在 Python 中，与 1 ≤ x ≤ 10 相对应的表达式为（　　）。

A. 1<x<=10　　B. x>=1 and x<=10

C. x<=1 and x>=10　　D. x>=1 or x<=10

45. 在下列 Python 表达式中，所得值为字符串类型的是（　　）。

A. "abc"*2　　B. 123+456　　C. 123+"456"　　D. "123"*"456"

46. 在 Python 中，字符串运算符“+”的作用是把字符串进行连接，那么 "20"+"21"+"20+21" 表达式的运算结果为（　　）。

A. 202120+21　　B. 4141　　C. 20212021　　D. 202141

47. Python 语言语句块的标记是（　　）。

A. 分号　　B. 逗号　　C. 缩进　　D. /

48. 在 Python 中运行下列程序，正确的结果为（　　）。

```
s=0
for i in range (1,5):
    s=s+i
print("i=",i,"s=",s)
```

A. i=4 s=10　　B. i=5 s=10　　C. i=5 s=15　　D. i=6 s=15

49. 执行下列 Python 程序段后，输出结果为（　　）。

```
m=29
if m % 3 !=0:
   print(m, " 不能被 3 整除 ")
```

```
else
print(m, "能被 3 整除")
```

A．m 不能被 3 整除
B．29 不能被 3 整除
C．29 能被 3 整除
D．m 能被 3 整除

50．已知字符串 s = "I love Python"，那么下列程序的输出结果为（　　）。

```
s = "I love Python"
ls = s.split()
ls.reverse()
print(ls)
```

A．'Python', 'love', 'I'
B．Python love I
C．None
D．['Python', 'love', 'I']

51．已知 ls = [1,2,3,4,5,6]，那么下列关于循环结构的描述，错误的是（　　）。

A．for i in range(len(ls)) 表达式的循环次数和 for i in ls 表达式的循环次数是一样的

B．for i in range(len(ls)) 表达式的循环次数和 for i in range(0,len(ls)) 表达式的循环次数是一样的

C．for i in range(len(ls)) 表达式的循环次数和 for i in range(1,len(ls)+1) 表达式的循环次数是一样的

D．在 for i in range(len(ls)) 表达式和 for i in ls 表达式的循环中，i 的值是一样的

52．下列关于文件的描述，错误的是（　　）。

A．readlines() 函数在读入文件内容后返回一个列表，元素划分依据是文本文件中的换行符

B．read() 函数在一次性读入文本文件中的全部内容后，返回一个字符串

C．readline() 函数用于读入文本文件中的一行，并返回一个字符串

D．二进制文件和文本文件都是可以用文本编辑器编辑的文件

53．下列关于字符串类型的操作，描述错误的是（　　）。

A．str.replace(x,y) 方法把字符串 str 中所有的 x 子串都替换为 y

B．想把一个字符串 str 中所有的字符都大写，可以使用 str.upper()

C．想获取字符串 str 的长度，可以使用字符串处理函数 str.len()

D．若 x = 'aa'，则 x*3 的执行结果为 'aaaaaa'

54．下列程序的输出结果为（　　）。

```
lcat =["狮子","猎豹","虎猫","花豹","孟加拉虎","美洲豹","雪豹"]
for s in lcat:
if "豹" in s:
print(s,end='')
continue
```

A．猎豹
花豹
美洲豹
雪豹

B. 猎豹

C. 雪豹

D. 猎豹花豹美洲豹雪豹

55. 下列关于字典类型的描述，错误的是（　　）。

A. 字典类型中的数据可以进行分片和合并操作

B. 字典类型可以在原来的变量上增加或缩短

C. 字典类型可以包含列表和其他数据类型，支持嵌套的字典

D. 字典类型是一种无序的对象集合，通过键来存取

56. 关于 Python 对文件的处理，下列选项中描述错误的是（　　）。

A. Python 通过解释器内置的 open() 函数打开一个文件

B. 当文件以文本方式打开时，读 / 写按照字节流方式

C. 文件使用结束后，要用 close() 方法关闭，并释放文件的使用授权

D. Python 能够以文本和二进制两种方式处理文件

57. 下列选项中，不是 Python 对文件的写操作方法的是（　　）。

A. writelines　　B. write 和 seek　　C. writetext　　D. write

58. 下列选项中，不是 Python 对文件的读操作方法的是（　　）。

A. readline　　B. readall　　C. readtext　　D. read

59. 关于 Python 文件处理，下列选项中描述错误的是（　　）。

A. Python 能处理 JPG 图像文件　　B. Python 不可以处理 PDF 文件

C. Python 能处理 CSV 文件　　D. Python 能处理 Excel 文件

60. 下列选项中，不是 Python 对文件的打开模式的是（　　）。

A. 'w'　　B. '+'　　C. 'c'　　D. 'r'

61. 关于 Python 文件打开模式，下列选项中描述错误的是（　　）。

A. 覆盖写模式 w　　B. 追加写模式 a

C. 创建写模式 n　　D. 只读模式 r

62. 下列选项中，对文件的描述错误的是（　　）。

A. 文本文件不能用二进制文件方式读入

B. 文本文件和二进制文件都是文件

C. 文件中可以包含任何数据内容

D. 文件是一个存储在辅助存储器上的数据序列

63. Python 文件读取方法 read(size) 的含义是（　　）。

A. 从头到尾读取文件中的所有内容

B. 从文件中读取一行数据

C. 从文件中读取多行数据

D. 从文件中读取指定 size 大小的数据，如果 size 为负数或空，则读取到文件结束

64. 下列关于 Python 内置库、标准库和第三方库的描述，错误的是（　　）。

A. 第三方库有 3 种安装方式，pip 是最常用的一种

B. 标准库和第三方库发布方法一样，是与 Python 安装包一起发布的

C．第三方库需要单独安装才能使用

D．内置库中的函数不需要 import 就可以调用

65．下列选项中对 import 保留字描述错误的是（　　）。

A．import 可以导入函数库或库中的函数

B．可以使用 from jieba import lcut 引入 jieba 库

C．可以使用 import jieba as jb 引入函数库 jieba，并另命名为 jb

D．可以使用 import jieba 引入 jieba 库

66．要利用 Python 通过数组绘制拟合曲线图，必须用到的外部库是（　　）。

A．Time 库　　B．Random 库　　C．Turtle 库　　D．Matplotlib 库

67．整型变量 x 中存放了一个两位数，现在要将这个两位数的个位数字和十位数字交换位置。例如，13 变为 31，正确的 Python 表达式为（　　）。

A．(x%10)*10+x//10　　B．(x%10)//10+x//10

C．(x/10)%10+x//10　　D．(x%10)*10+x%10

68．小张打算用 Python 编写一个管理班上同学通讯录的程序，如果用一个变量 *A* 来对应处理同学们的电话号码，那么这个变量 *A* 定义成什么数据类型比较合适？（　　）

A．布尔型　　B．浮点型　　C．整型　　D．字符串

69．若有以下 Python 程序段：

```
x = 2
print (x+1)
print (x+2)
```

则程序运行后，变量 x 的值为（　　）。

A．2　　B．3　　C．4　　D．5

70．若有以下 Python 程序段：

```
for i in range(1,4):
        for j in range(0,3):
                print("Python")
```

则 print("Python") 语句的执行次数是（　　）。

A．3　　B．4　　C．6　　D．9

71．Pandas 包含 3 个主要数据结构，其中不包括（　　）。

A．Series　　B．DataFrame　　C．NumPy　　D．Panel

72．下列关于 Series 对象说法错误的是（　　）。

A．Series 对象中必须指定 index

B．通过索引可以选取 Series 对象中的值，通过赋值语句可以修改 Series 对象中的值

C．Series 对象中的 index 和 values 的长度必须一致

D．Series 对象是一种一维的数据结构，包含一个数组的数据和一个与数据关联的索引

73．下列关于 DataFrame 说法正确的是（　　）。

A．DataFrame 对象是一个一维数据结构

B．DataFrame 对象一列中的数据类型可以不同

C．DataFrame 对象中的每一行都是一个 Series 对象

D．DataFrame 对象可以修改列索引

74．按存储信息的形式分类，文件可分为（　　）。

A．系统文件和用户文件　　B．文本文件和二进制文件

C．程序文件和数据文件　　D．磁盘文件和 U 盘文件

75．若 fp 是文件对象，则在 fp.writelines(s) 语句中，s 的数据类型是（　　）。

A．字符串　　B．列表　　C．元组　　D．字典

76．假设 file 是文本文件对象，那么下列选项中的哪个用于读取一行内容？（　　）

A．file.read()　　B．file.read(200)　　C．file.readline()　　D．file.readlines()

77．已知 df 是 Python 的一个 DataFrame 数据，那么下列语句中可以用来查看 df 前 5 行的是（　　）。

A．df. Columns　　B．df.describe()　　C．df.head()　　D．df.index

78．已知 df 是 Python 的一个 DataFrame 数据，那么下列语句中可以用来选取 df 中列名为 A 和 B 两列数据的是（　　）。

A．df['A','B']　　B．df[['A','B']]

C．df(A,B)　　D．df(['A','B'])

79．已知 df 是 Python 的一个 DataFrame 数据，那么下列语句中可以用来查看 df 列名的是（　　）。

A．df.columns　　B．df.values　　C．df.describe()　　D．df.index

80．已知 df 是 Python 的一个 DataFrame 数据，那么 df.describe() 语句的作用是（　　）。

A．对数据进行描述性统计　　B．对 df 进行转置

C．获取 DataFrame 的维度　　D．获取 DataFrame 的形状

81．已知 df 是 Python 的一个 DataFrame 数据，那么下列语句中可以获取 df 元素个数的是（　　）。

A．df.values　　B．df.size　　C．df.columns　　D．df.ndim

82．已知 df 是 Python 的一个 DataFrame 数据，那么下列哪个语句可以对 df 的前 4 行进行切片访问？（　　）

A．df[1:4]　　B．df[0:3]　　C．df([0:3])　　D．df([1:4])

83．系统默认的绘图区的坐标原点 (0,0) 位于绘图窗口的（　　）。

A．左下角　　B．左上角　　C．右下角　　D．右上角

84．axes 函数创建的坐标系，默认情况下绘图区域在（　　）。

A．不确定　　B．(0,1)　　C．(0,10)　　D．(0,100)

85．若要画红色线，则颜色参数设置错误的是（　　）。

A．color='red'　　B．color='r'　　C．c='r'　　D．color=' 红色 '

86．设置线条粗细的属性参数是（　　）。

A．linewidth　　B．width　　C．w　　D．lw

87．若要绘制直线或曲线，则可使用（　　）函数来实现。

A．bar　　B．plot　　C．pie　　D．scatter

88．若要绘制 y = cos(x) 曲线，已知 x = np.arange(0,4*np.pi,0.01)，则 y 正确的表达式为（　　）。

A．y=math.cos(x)　　B．y=cos(x)　　C．y=np.cos(x)　　D．y=x

89．在绘图函数中设置了 label 属性，绘制的图形可以显示，但图例没有显示，则必须调用的函数是（　　）。

A．legend()　　B．text()　　C．xlabel()　　D．show()

90．若要使图例在左上角显示，则 legend() 函数的位置参数应该设置为（　　）。

A．'upper right'　　B．'lower left'　　C．'upper left'　　D．'lower right'

91．在 import matplotlib.pyplot as plt 代码中，plt 的含义是（　　）。

A．函数名　　B．类名　　C．变量名　　D．库的别名

92．下列代码运行后没有显示绘制的图形，是因为（　　）。

```
import matplotlib.pyplot as plt
plt.plot([1,2],[7,4])
```

A．没有导入 NumPy 库　　B．缺少 plt.show() 语句

C．数据有错误　　D．语句有语法错误

人工智能基础

单项选择题

1. 人工智能是利用数字计算机或者数字计算机控制的机器（　　）人的智能，感知环境、获取知识，并使用知识获得最佳结果的理论、方法、技术及应用系统。

A．模拟、延伸和扩展　　B．学习

C．实现　　D．超越

2. 人工智能是利用数字计算机或者数字计算机控制的机器模拟、延伸和扩展人的智能，感知环境、获取知识，并使用知识获得最佳结果的（　　）。

A．计算机　　B．硬件系统

C．理论、方法、技术及应用系统　　D．电子计算机

3. 早期人工智能通常把（　　）作为衡量机器智能的准则。

A．图灵机　　B．图灵测试

C．中文屋思想实验　　D．人类智能

4. 人工智能的目的是让机器能够（　　），以实现某些脑力劳动的机械化。

A．具有智能　　B．和人一样工作

C．完全代替人的大脑　　D．模拟、延伸和扩展人的智能

5. 下面哪个方法是 20 世纪提出来，用于对计算机的智能水平进行测试？（　　）

A．香农定律　　B．摩尔定律　　C．费马定理　　D．图灵测试

6. 人工智能的含义最早由一位科学家（　　）于 1950 年提出，并同时提出了一个机器智能的测试模型。

A．冯·诺依曼　　B．图灵　　C．明斯基　　D．扎德

7. 1956 年达特茅斯会议提出“Artificial Intelligence（人工智能）”概念时，希望人工智能研究的主题是（　　）。

A．全力研究人类大脑　　B．人工智能伦理

C．用机器来模仿人类学习　　D．避免计算机控制人类

8．根据能否真正实现推理、思考和解决问题，可以将人工智能分为（　　）。

A．弱 AI、强 AI、超 AI　　B．结构论、仿生学、控制论

C．符号主义、连接主义、行为主义　　D．专家系统、机器学习、神经网络

9．人工智能到现在为止有三大门派，（　　）的核心是符号推理与机器推理，用符号表达的方式来研究智能、研究推理。

A．逻辑主义或符号主义　　B．连接主义

C．行为主义　　D．神经网络

10．人工智能到现在为止有三大门派，（　　）的核心是神经元网络与深度学习，仿造人的神经系统。

A．符号主义　　B．连接主义　　C．行为主义　　D．逻辑主义

11．人工智能到现在为止有三大门派，（　　）推崇控制、自适应与进化计算，和车联网关系非常密切。

A．符号主义　　B．连接主义　　C．行为主义　　D．逻辑主义

12．下面（　　）不是人工智能的主要研究流派。

A．符号主义　　B．连接主义　　C．模拟主义　　D．行为主义

13．AI 的英文全称是（　　）。

A．Automatic Intelligence　　B．Automatice Information

C．Artificial Information　　D．Artificial Intelligence

14．1997 年 5 月，著名的“人机大战”中计算机最终以 3.5 ∶ 2.5 的总比分击败世界国际象棋棋王卡斯帕罗夫，这台计算机被称为（　　）。

A．IBM　　B．深蓝　　C．深思　　D．蓝天

15．研究计算机怎样模拟或实现人类的学习行为，以获取新知识或技能的人工智能技术是（　　）。

A．机器学习　　B．自然语言处理

C．人机交互　　D．生物特征识别

16．研究能实现人与计算机之间用自然语言进行有效通信的各种理论和方法，包括机器翻译、机器阅读理解和问答系统等人工智能技术是（　　）。

A．机器学习　　B．自然语言处理

C．人机交互　　D．生物特征识别

17．通过个体生理特征或行为特征对个体身份进行识别认证的技术是（　　）。

A．机器学习　　B．自然语言处理

C．人机交互　　D．生物特征识别

18．在一定范围内生成与真实环境下视觉、听觉、触感等方面高度近似的数字化环境的新型视听技术是（　　）。

A．虚拟现实 / 增强现实　　B．自然语言处理

C．人机交互　　D．生物特征识别

19．研究人和计算机之间信息交换的人工智能领域外围技术是（　　）。

A．机器学习　　B．自然语言处理

C．人机交互　　D．生物特征识别

20．（　　）不是目前人工智能技术发展研究的重点趋势。

A．技术平台开源化　　B．专用智能向通用智能发展

C．智能感知向智能认知方向迈进　　D．大力发展集成电路产业

21．我们常说的某幅图像的分辨率是 1280×720，指的是这张图由（　　）组成。

A．1280 行、720 列的像素　　B．1280×720 种颜色

C．1280mm×720mm　　D．1280 行、720 列的颜色

22．图像识别是以图像的（　　）为基础的。

A．色彩　　B．主要特征　　C．大小　　D．分辨率

23．AlexNet 是一个典型的（　　）。

A．图像　　B．生物神经网络

C．图像识别挑战赛　　D．卷积神经网络

24．（　　）不是图像识别在日常生活中的应用。

A．人脸识别　　B．医疗影像诊断

C．程序设计　　D．自动驾驶 / 辅助驾驶

25．（　　）是图像识别在日常生活中的应用。

A．人脸识别　　B．视频拍摄　　C．程序设计　　D．语言翻译

26．DNN 内部的神经网络可以分为（　　）。

A．输入层、输出层　　B．输入层、翻译层、输出层

C．输入层、设计层、输出层　　D．输入层、隐藏层、输出层

27．（　　）层是深度神经网络在处理图像时常用的一种层。

A．卷积　　B．乘积　　C．递归　　D．加法

28．（　　）是数字图像处理的一种基本运算方式。

A．卷积　　B．乘积　　C．递归　　D．减法

29．在卷积神经网络中，通常在几个卷积层之后插入（　　）层，以降低特征图的分辨率。

A．非线性激活　　B．池化　　C．归一化指数　　D．全连接

30．下列说法错误的是（　　）。

A．卷积神经网络（CNN）是一类包含卷积计算且具有深度结构的前馈神经网络

B．图像识别是以图像的主要特征为基础的

C．DNN 内部的神经网络可以分为 3 类：输入层、隐藏层和输出层

D．只要通过不断加深网络，就能得到性能更好的深度神经网络模型

31．语音识别属于人工智能学科中的（　　）。

A．字符识别研究范畴　　B．模式识别研究范畴

C．指纹识别研究范畴　　D．数字识别研究范畴

32．语音识别的基本流程包括以下哪几个步骤？正确的顺序是（　　）。

①特征提取 ②声学模型 ③分帧 ④语言模型 ⑤字典

A．①③⑤④②　　B．③①②⑤④

C．③⑤①④②　　D．②④①⑤③

33. 下列哪项生活中的应用属于语音识别的应用范畴？（　　）

①智能音箱 ②语音输入法 ③语音导航

A. ①③　　B. ①②　　C. ②③　　D. ①②③

34. 下列用到语音识别技术的应用是（　　）。

A. Word　　B. Excel　　C. PowerPoint　　D. 讯飞输入法

35. 下列哪个不是语音识别技术的应用场景？（　　）

A. 入侵检测　　B. 语音合成　　C. 语音翻译　　D. 智能客服

36. 关于语音技术，下列说法不正确的是（　　）。

A. 语音技术中的关键是语音识别和语音合成

B. 语音合成是将文字信息转变为语音数据

C. 语音技术就是多媒体技术

D. 语音识别就是让计算机能识别人说的话

37.（　　）技术能带来人机交互的根本性变革，是大数据和认知计算时代未来发展的制高点之一。

A. 机器学习　　B. 语音识别

C. 自然语言处理　　D. 计算机视觉

38. Siri 是一种（　　）系统。

A. 动作识别　　B. 信息处理　　C. 图像识别　　D. 语音识别

39. 百度无人车的人工智能技术包括（　　）、图像识别和云端深度学习。

A. 天气识别　　B. 语音识别　　C. 5G 联网　　D. 健康监控

40. 世界上第一个能识别 10 个英文数字发音的识别实验系统是由哪个机构研制的？（　　）

A. IBM　　B. 微软

C. 美国电报电话公司贝尔实验室　　D. 英特尔

41. 1986 年，语音识别作为我国哪个科技计划的研究课题被列出？（　　）

A. 核高基　　B. 863 计划

C. 973 计划　　D. 重点研发计划

42. 下列哪个操作是语音处理中预处理阶段的任务？（　　）

A. 特征提取　　B. 模式匹配　　C. 语言处理　　D. 语音分帧

43. 下列哪个是对声波进行特征提取后的输出？（　　）

A. 整型值　　B. 小数值　　C. 对数　　D. 多维向量

44. 模式匹配依赖于下列哪种模型库？（　　）

A. 语音模型库　　B. 语义模型库

C. 语速模型库　　D. 语言模型库

45. 每个人的声音都不一样，是下列哪种因素决定了这一点？（　　）

A. 颅骨的形状　　B. 身体的密度

C. 体内的电解质　　D. 声道的形状

附录A 全国计算机等级考试（一级）模拟训练题

注意：在以下训练题中，T □中的“□”表示学号，如 T20221314005020。

附录 A.1 模拟训练题 1

模块一 文件操作（15 分）

按要求完成下列操作。

1. 在 D:\ 下新建一个文件夹 T □，并将 C:\MM1 文件夹中的所有内容复制到 T □文件夹中。（4 分）

2. 将 T □ \infl 文件夹中的 sa1.txt 文件移动到 T □文件夹中。（3 分）

3. 将 T □文件夹中的所有 bak 文件都添加到压缩文件，并设置解压缩密码为 abc，名称为 zz1.rar。（4 分）

4. 删除 T □文件夹中 0 字节的文件（两个）。（4 分）

模块二 Word 操作（25 分）

打开 T □ \infl 文件夹中的 Word 文档 gxdx1.docx，完成下列操作。

1. 页面设置：纸张大小为 A4，页边距左、右均为 2.0 厘米。（3 分）

2. 将标题文字“广西大圩古镇”设置为二号、加下画线、居中。（3 分）

3. 输入以下文字作为正文第 2 段，并设置该段的字体颜色为蓝色。（7 分）

到大圩，万寿桥是必去的地方。万寿桥始建于明代，是一座石块砌起的石拱桥，桥面的石头已被磨得溜光发亮，间杂些许小草，古朴自然。桥的西面是漓江，是欣赏漓江及对岸螺蛳山的极佳位置。

4. 将正文所有段落设置为：首行缩进 2 字符，行距为最小值 20 磅。（4 分）

5. 使用替换功能将文中所有“大墟”替换为“大圩”。（3 分）

6. 在正文末尾制作如下表格。（5 分）

大圩古镇	景点	
	美食	
	住宿	

7. 保存后退出。

模块三　Excel 操作（20 分）

打开 T □ \infl 文件夹中的 Excel 文件 cjd01.xlsx，完成下列操作。

1. 在 Sheet1 工作表中，用公式或函数计算总成绩和单科平均成绩（保留 1 位小数）。（8 分）

2. 在 Sheet1 工作表中建立如图 A-1 所示的前 5 名学生成绩的簇状柱形图，并嵌入本工作表。（6 分）

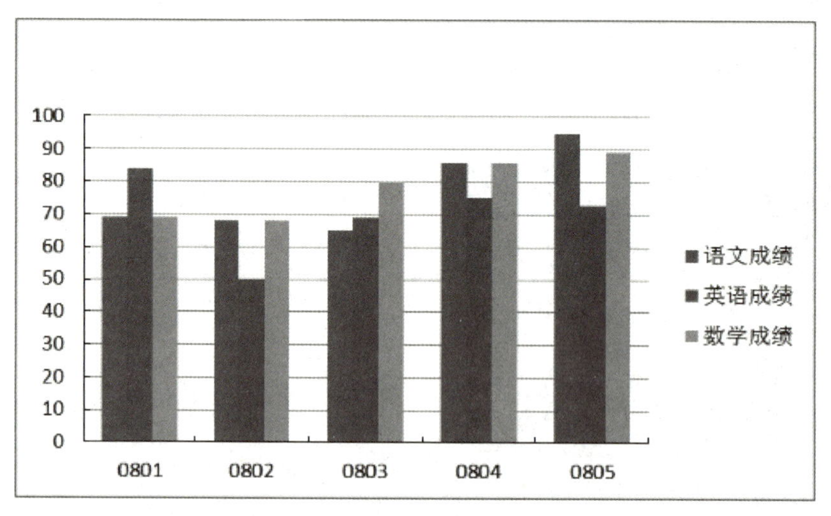

图 A-1　成绩比较图

3. 将 Sheet1 工作表重命名为“成绩单”。（2 分）

4. 在 Sheet2 工作表中，筛选两科成绩均及格的记录。（4 分）

5. 存盘后退出。

模块四　网络操作（20 分）

1. 打开 T □文件夹中的 gsgk1.html 文件，将该网页中的全部文本以 gk1.txt 文件名保存到 T □文件夹中。（5 分）

2. 在 T □文件夹中新建一个文本文档 add1.txt，输入并保存本机的 IP 地址。（5 分）

3. 启动收发电子邮件软件，编辑电子邮件。（7 分）

收件人地址：（考试时指定收件人地址）

主题：T □文件

正文如下。

组长：您好！

文件在附件中，请查收。

（注：此处输入考生姓名）

4．将 T □文件夹中的 index1.html 文件作为电子邮件附件，并将邮件以 mail1 文件名另存到 T □文件夹中。（2 分）

5．发送电子邮件。（1 分）

模块五　多媒体操作（20 分）

打开 T □ \inf1 文件夹中的演示文稿 pcwh1.pptx，完成下列操作。

1．为第 1 张幻灯片中的艺术字“中国茶文化”设置超链接，链接到百度网址。（4 分）

2．将第 2 张幻灯片的版式设置为“标题和内容”，并复制 T □ \pqy1.txt 文件中的文本到内容占位符中。（4 分）

3．设置所有幻灯片的切换效果为“溶解”，将换片方式改为“单击鼠标时”。（4 分）

4．为第 3 张幻灯片中的图片设置动画：进入效果为“擦除”，上一项之后开始。（4 分）

5．在第 4 张幻灯片中添加一个结束放映的动作按钮，放映时单击此按钮即结束放映。（4 分）

6．保存后退出。

附录 A.2　模拟训练题 2

模块一　文件操作（15 分）

按要求完成下列操作。

1．在 D:\ 下新建一个文件夹 T □，并将 C:\MM2 文件夹中的所有内容复制到 T □文件夹中。（4 分）

2．将 T □ \inf2 文件夹中的 sa2.bak 文件移动到 T □文件夹中。（3 分）

3．将 T □文件夹中的 te2.txt 文件重命名为 newte2.txt。（4 分）

4．将 T □文件夹中的 kk2.rar 文件解压缩到当前文件夹中。（4 分）

模块二　Word 操作（25 分）

打开 T □ \inf2 文件夹中的 Word 文档 gxhy2.docx，完成下列操作。

1．页面设置：纸张大小为 16 开，页边距上、下均为 2.2 厘米。（3 分）

2．输入以下文字作为正文最后一段，并设置该段的字体颜色为红色。（7 分）

黄姚古镇土特产有誉美东南亚、具有几百年历史的佐餐调味佳品——黄姚豆豉和滋补佳品——九制黄精等。黄姚豆豉在清朝被列为宫廷贡品，在民国时远销东南亚。豆豉宴是黄姚的一大特色。

3．将正文（除表格外）所有文本设置为楷体、四号。（3 分）

4．将正文（除表格外）所有段落设置为：首行缩进 2 字符，1.5 倍行距。（3 分）

5．在正文第 1 段插入 T □文件夹中的 hygz2.jpg 图片，并设置图片环绕方式为“四周型”。（4 分）

6．对正文中的表格进行下列操作。（5 分）

（1）在第 3 行的下方插入 1 行，并将该行行高设置为 1.2 厘米。

（2）设置所有单元格的对齐方式为：垂直和水平方向居中。

7．保存后退出。

模块三　Excel 操作（20 分）

打开 T □ \inf2 文件夹中的 Excel 文件 data02.xlsx，完成下列操作。

1．在 Sheet1 工作表中，输入运动员编号：001、002、…、007。（3 分）

2．在 Sheet1 工作表中，用公式或函数计算总分、最高分、最低分。（7 分）

3．在 Sheet1 工作表中建立如图 A-2 所示的总分簇状柱形图，并嵌入本工作表。（6 分）

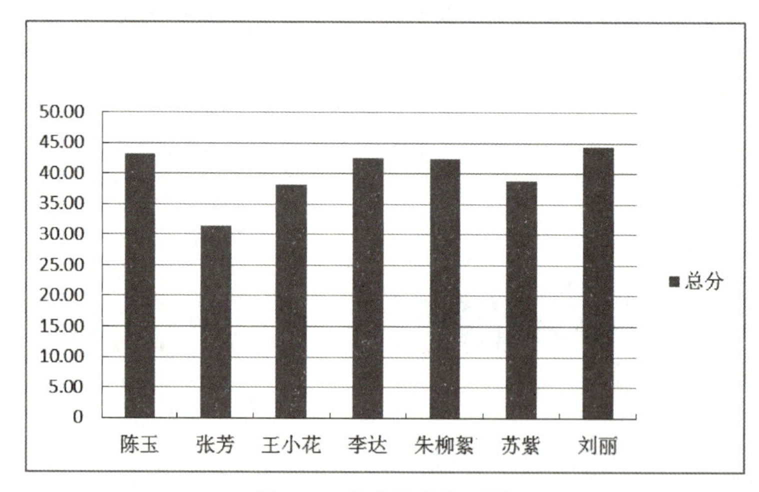

图 A-2　总分簇状柱形图

4．在 Sheet2 工作表中，按照“连锁店”进行分类汇总，求销售额的平均值。（4 分）

5．存盘后退出。

模块四　网络操作（20 分）

1．打开 T □文件夹中的 gxgk2.html 文件，将该网页中的全部文本以 gk2.txt 文件名保存到 T □文件夹中。（5 分）

2．在 T □文件夹中新建一个文本文档 add2.txt，输入并保存本机的 IP 地址。（5 分）

3．启动收发电子邮件软件，编辑电子邮件。（7 分）

收件人地址：（考试时指定收件人地址）

主题：T □文件

正文如下。

组长：您好！

　　文件在附件中，请查收。

（注：此处输入考生姓名）

4．将 T □文件夹中的 logo2.gif 文件作为电子邮件附件，并将邮件以 mail2 文件名另存到 T □文件夹中。（2 分）

5．发送电子邮件。（1 分）

模块五　多媒体操作（20 分）

打开 T □ \inf2 文件夹中的演示文稿 pcwh2.pptx，完成下列操作。

1．为第 2 张幻灯片中的文字“7. 祛腻消食”设置超链接，链接到第 6 张幻灯片。（4 分）

2．设置第 4 张幻灯片的版式为“标题和内容”，并复制 T □ \ pgx2.txt 文件中的文本到内容占位符中。（4 分）

3．设置所有幻灯片的切换效果为向下擦除，将换片方式改为“单击鼠标时”。（4 分）

4．为第 4 张幻灯片中的图片设置动画：进入效果为“飞入”，上一项之后开始。（4 分）

5．设置自定义放映顺序为第 2 张→第 4 张→第 3 张，自定义放映名称为“茶保健”。（4 分）

6．保存后退出。

附录 A.3　模拟训练题 3

模块一　文件操作（15 分）

按要求完成下列操作。

1．在 D:\ 下新建一个文件夹 T □，并将 C:\MM3 文件夹中的所有内容复制到 T □文件夹中。（4 分）

2．将 T □ \inf3 文件夹中的 sa3.bak 文件移动到 T □文件夹中。（3 分）

3．删除 T □文件夹中 0 字节的文件（两个）。（4 分）

4．将 T □文件夹中的所有 RTF 格式文件都添加到压缩文件，并设置解压缩密码为 123，名称为 zz3.rar。（4 分）

模块二　Word 操作（25 分）

打开 T □ \inf3 文件夹中的 Word 文档 gxym3.docx，完成下列操作。

1．页面设置：纸张大小为 A4，页边距左、右均为 2.2 厘米。（3 分）

2．将标题文字“扬美古镇——人心向美，仰美扬美”设置为二号、加粗、居中。（3 分）

3．输入以下文字作为正文第 2 段，并设置该段的字体颜色为蓝色。（7 分）

扬美古镇景点最著名的当属扬美古八景：龙潭夕照、雷峰积翠、剑插清泉、亭对江流、金滩月夜、青坡怀古、阁望云霞、滩松相呼，至今仍旧可寻，为后世留下了丰富的自然、人文景观。

4．将正文（除表格外）所有段落设置为：首行缩进 2 字符，多倍行距 1.2。（4 分）

5．在正文中插入 T □文件夹中的 ymgz3.jpg 图片，并设置图片环绕方式为“紧密型”。（3 分）

6．对正文中的表格进行下列操作。（5 分）

（1）合并第 1 列所有单元格，并设置其列宽为 2 厘米。

（2）设置所有单元格的对齐方式为：垂直和水平方向居中。

7．保存后退出。

模块三　Excel 操作（20 分）

打开 T □ \inf3 文件夹中的 Excel 文件 gz03.xlsx，完成下列操作。

1．在 Sheet1 工作表中，用公式或函数计算最大值和应发工资（应发工资 = 基本工资 + 岗位津贴 - 水电费）。（7 分）

2．在 Sheet1 工作表中建立如图 A-3 所示的三维簇状柱形图，并嵌入本工作表。（6 分）

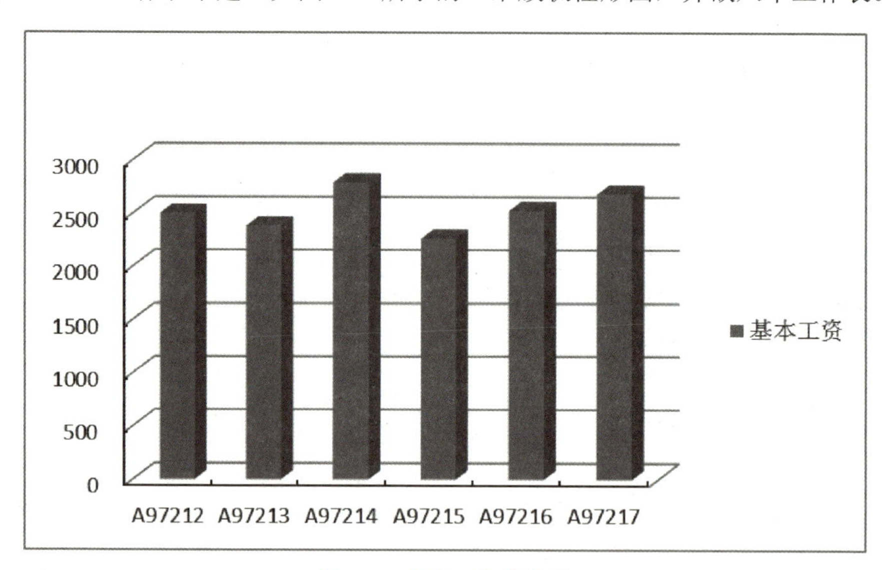

图 A-3　基本工资比较图

3．在 Sheet1 工作表中，将 A2:F9 区域中的全部数据设置为水平居中。（3 分）

4．在 Sheet2 工作表中，筛选性别为“男”且基本工资大于 2500 的记录。（4 分）

5．存盘后退出。

模块四　网络操作（20 分）

1．打开 T □文件夹中的 nmgk3.html 文件，将该网页中的全部文本以 gk3.txt 文件名保存到 T □文件夹中。（5 分）

2．在 T □文件夹中新建一个文本文档 add3.txt，输入并保存本机的 IP 地址。（5 分）

3．启动收发电子邮件软件，编辑电子邮件。（7 分）

收件人地址：（考试时指定收件人地址）

主题：T □文件

正文如下。

组长：您好！

文件在附件中，请查收。

（注：此处输入考生姓名）

4．将 T □文件夹中的 logo3.gif 文件作为电子邮件附件，并将邮件以 mail3 文件名另存到 T □文件夹中。（2 分）

5．发送电子邮件。（1 分）

模块五　多媒体操作（20 分）

打开 T □ \inf3 文件夹中的演示文稿 pcwh3.pptx，完成下列操作。

1．为第 2 张幻灯片中的文字“洞庭碧螺春茶”设置超链接，链接到第 4 张幻灯片。（4 分）

2．为第 3 张幻灯片的标题设置动画：进入效果为“飞入”，上一项之后开始。（4 分）

3．将第 6 张幻灯片的版式设置为“标题和内容”，并复制 T □ \pmc3.txt 文件中的文本到内容占位符中。（4 分）

4．设置所有幻灯片的切换效果为菱形，将换片方式改为“单击鼠标时”。（4 分）

5．设置自定义放映顺序为第 2 张→第 6 张→第 3 张，自定义放映名称为“名茶”。（4 分）

6．存盘后退出。

附录 A.4　模拟训练题 4

模块一　文件操作（15 分）

按要求完成下列操作。

1．在 D:\ 下新建一个文件夹 T □，并将 C:\MM4 文件夹中的所有内容复制到 T □文件夹中。（4 分）

2．将 T □ \inf4 文件夹中的 sa4.bak 文件移动到 T □文件夹中。（3 分）

3．将 T □文件夹中的 jie4.rar 文件解压缩到当前文件夹中。（4 分）

4．删除 T □文件夹中 0 字节的文件（两个）。（4 分）

模块二　Word 操作（25 分）

打开 T □ \inf4 文件夹中的 Word 文档 gxxa4.docx，完成下列操作。

1．页面设置：纸张大小为 A4，页边距左、右均为 2.0 厘米。（3 分）

2．将标题文字“兴安古镇”设置为黑体、二号、居中。（3 分）

3．输入以下文字作为正文第 3 段，并设置该段的字体颜色为红色。（7 分）

溯灵渠而上，近千米的灵渠水街，向我们展示了一幅具有浓郁岭南风情的市井画图，再现了清代诗人苏宗经曾经描绘的水街：“径缘桥底入，舟向市中穿。桨脚挥波易，篷窗买酒便。”

4．将正文所有段落设置为：首行缩进 2 字符，行距为最小值 19 磅。（3 分）

5．在正文中插入 T □文件夹中的 xagz4.jpg 图片，并设置图片环绕方式为“四周型”。（4 分）

6．在正文末尾制作如下表格，并设置所有单元格的对齐方式为：垂直和水平方向居中。（5 分）

兴安古镇	景点	
	美食	
	住宿	

7．保存后退出。

模块三　Excel 操作（20 分）

打开 T □ \inf4 文件夹中的 Excel 文件 xsb04.xlsx，完成下列操作。

1．在 Sheet1 工作表中，将 A1:G1 区域合并后居中。（3 分）

2．在 Sheet1 工作表中，用公式或函数计算销售额和利润。其中，销售额 = 售价 × 销售量；利润 =（售价 – 进价）× 销售量。（7 分）

3．在 Sheet1 工作表中建立如图 A-4 所示的簇状条形图，并嵌入本工作表。（6 分）

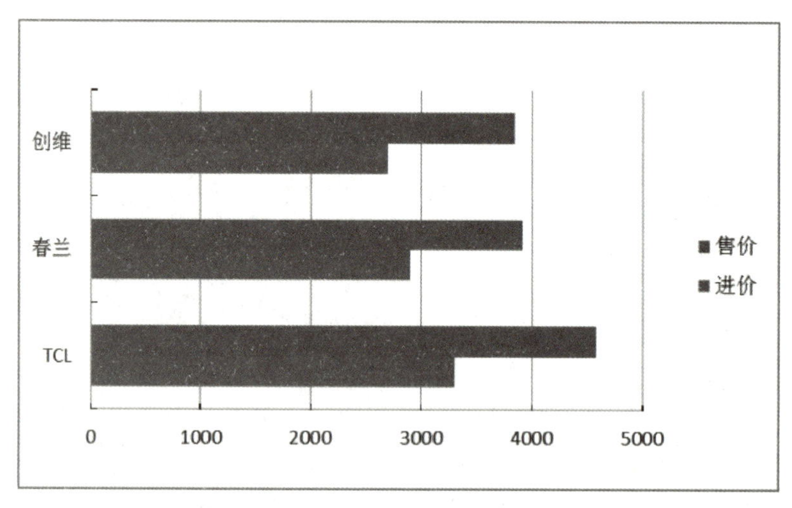

图 A-4　电视机价格比较图

4．在 Sheet2 工作表中，按照“品种”进行分类汇总，求销售额的平均值。（4 分）

5．存盘后退出。

模块四　网络操作（20 分）

1．打开 T □文件夹中的 nxgk4.html 文件，将该网页中的全部文本以 gk4.txt 文件名保存到 T □文件夹中。（5 分）

2．在 T □文件夹中新建一个文本文档 add4.txt，输入并保存本机的 IP 地址。（5 分）

3．启动收发电子邮件软件，编辑电子邮件。（7 分）

收件人地址：（考试时指定收件人地址）

主题：T □文件

正文如下。

组长：您好！

　　文件在附件中，请查收。

（注：此处输入考生姓名）

4．将 T □文件夹中的 logo4.gif 文件作为电子邮件附件，并将邮件以 mail4 文件名另存到 T □文件夹中。(2 分)

5．发送电子邮件。(1 分)

模块五　多媒体操作(20 分)

打开 T □ \inf4 文件夹中的演示文稿 pcwh4.pptx，完成下列操作。

1．在第 1 张幻灯片之前插入一张新幻灯片，并设置版式为“标题幻灯片”，在标题栏中输入“中国茶文化”，并设置字号为 88。(4 分)

2．为第 2 张幻灯片的标题设置动画：进入效果为“飞入”，单击时开始。(4 分)

3．为第 4 张幻灯片中的图片设置超链接，链接到百度网址。(4 分)

4．设置所有幻灯片的切换效果为“溶解”，将换片方式改为“单击鼠标时”。(4 分)

5．设置自定义放映顺序为第 1 张→第 4 张→第 2 张，自定义放映名称为“红茶”。(4 分)

6．存盘后退出。

附录 A.5　模拟训练题 5

模块一　文件操作(15 分)

按要求完成下列操作。

1．在 D:\ 下新建一个文件夹 T □，并将 C:\MM5 文件夹中的所有内容复制到 T □文件夹中。(4 分)

2．将 T □ \inf5 文件夹中的 sa5.bak 文件移动到 T □文件夹中。(3 分)

3．将 T □文件夹中的 zz5.rar 文件解压缩到当前文件夹中。(4 分)

4．删除 T □文件夹中 0 字节的文件（两个）。(4 分)

模块二　Word 操作(25 分)

打开 T □ \inf5 文件夹中的 Word 文档 gxby5.docx，完成下列操作。

1．页面设置：纸张大小为 16 开，页边距上、下均为 2.5 厘米。(3 分)

2．将标题文字“剥益古镇”设置为黑体、三号、居中。(3 分)

3．输入以下文字作为正文第 3 段，并设置该段的字体颜色为蓝色。(7 分)

看点：美丽的古镇、美丽的出浴女子，壮家女子有在驮娘江中和衣而浴的传统，这是一道不一样的风景。距离富宁县城 40 多千米有一个八宝镇，其中不仅布满池塘水泽、瀑布溶洞，还出产著名的八宝贡米。

4．将正文（除表格外）所有段落设置为：首行缩进 2 字符，段前间距为 0.5 行。(4 分)

5．在正文中插入 T □文件夹中的 bygz5.jpg 图片，并设置图片环绕方式为“紧密型”。(3 分)

6．对文档中的表格进行下列操作。(5 分)

（1）在第 3 行的下方插入 1 行，并设置各行行高为 1.2 厘米。

（2）设置所有单元格的对齐方式为：垂直和水平方向居中。

7．存盘后退出。

模块三　Excel 操作（20 分）

打开 T □ \inf5 文件夹中的 Excel 文件 xsb05.xlsx，完成下列操作。

1．在 Sheet1 工作表中，用条件格式将 B3:G14 区域中大于 40 的数据文本颜色设置为红色。（3 分）

2．在 Sheet1 工作表中，用公式或函数计算总销售额和平均销售额。（7 分）

3．在 Sheet1 工作表中建立如图 A-5 所示的花生销售额各月走势折线图，并嵌入本工作表。（6 分）

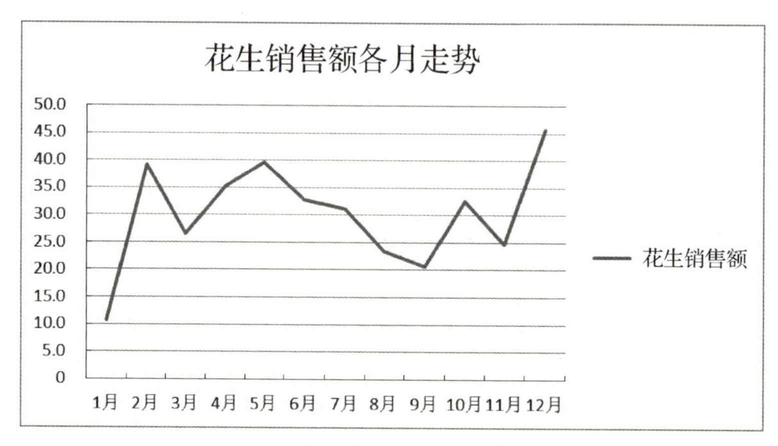

图 A-5　花生销售额各月走势折线图

4．在 Sheet2 工作表中，筛选花生和黄豆均大于 30 的记录。（4 分）

5．存盘后退出。

模块四　网络操作（20 分）

1．打开 T □文件夹中的 xzgk5.html 文件，将该网页中的全部文本以 gk5.txt 文件名保存到 T □文件夹中。（5 分）

2．在 T □文件夹中新建一个文本文档 add5.txt，输入并保存本机的 IP 地址。（5 分）

3．启动收发电子邮件软件，编辑电子邮件。（7 分）

收件人地址：（考试时指定收件人地址）

主题：T □文件

正文如下。

组长：您好！

　　文件在附件中，请查收。

（注：此处输入考生姓名）

4．将 T □文件夹中的 logo5.gif 文件作为电子邮件附件，并将邮件以 mail5 文件名另存到 T □文件夹中。（2 分）

5．发送电子邮件。（1 分）

模块五 多媒体操作（20分）

打开T□\inf5文件夹中的演示文稿pcwh5.pptx，完成下列操作。

1. 为第1张幻灯片的标题文字“春节”设置超链接，链接到中国搜索网址。（4分）

2. 为第2张幻灯片中的图片设置动画：进入效果为“飞入”，单击时开始。（4分）

3. 在最后一张幻灯片之后插入一张新幻灯片，并设置版式为“标题和内容”。在内容占位符中插入T□文件夹中的pce5.jpg图片。（4分）

4. 设置所有幻灯片的切换效果为“切出”，将换片方式改为“单击鼠标时”。（4分）

5. 设置自定义放映顺序为第2张→第1张→第4张，自定义放映名称为“压岁钱”。（4分）

6. 保存后退出。

附录B 习题参考答案

习题1 计算机概论参考答案

单项选择题

1. C　2. D　3. B　4. C　5. B　6. A　7. C　8. A　9. C
10. B　11. B　12. D　13. A　14. B　15. D　16. D　17. A　18. B
19. A　20. A　21. B　22. C　23. A　24. D　25. D　26. D　27. A
28. D　29. B　30. A　31. C　32. A　33. D　34. C　35. A　36. D
37. B　38. B　39. B　40. C　41. C　42. B　43. C　44. C　45. C
46. D　47. C　48. D　49. B　50. A

习题2 计算机系统组成参考答案

单项选择题

1. A　2. C　3. B　4. A　5. A　6. B　7. B　8. C　9. B
10. B　11. C　12. C　13. A　14. A　15. D　16. D　17. A　18. D
19. A　20. A　21. B　22. D　23. A　24. A　25. A　26. C　27. D
28. C　29. D　30. C　31. C　32. B　33. B　34. A　35. C　36. A

37. D　38. B　39. A　40. D　41. B　42. A　43. A　44. B　45. B
46. A　47. A　48. D　49. A　50. A　51. A　52. D　53. C　54. C
55. A　56. B　57. C　58. A　59. D　60. C　61. D　62. D　63. B
64. A　65. C

习题 3　计算机网络与信息安全参考答案

单项选择题

1. B　2. C　3. A　4. B　5. C　6. B　7. B　8. B　9. D
10. D　11. C　12. A　13. B　14. A　15. A　16. D　17. D　18. D
19. A　20. B　21. A　22. B　23. C　24. A　25. C　26. B　27. A
28. D　29. A　30. C　31. D　32. C　33. C　34. C　35. B　36. C
37. B　38. C　39. C　40. D　41. A　42. C　43. B　44. D　45. D
46. B　47. D　48. D　49. D　50. C　51. D　52. D　53. C　54. C
55. D　56. A

习题 4　Python 程序设计参考答案

单项选择题

1. D　2. D　3. B　4. B　5. C　6. A　7. C　8. C　9. A
10. D　11. C　12. B　13. D　14. D　15. C　16. B　17. B　18. D
19. C　20. D　21. B　22. B　23. B　24. C　25. A　26. B　27. B
28. C　29. C　30. C　31. A.　32. C　33. D　34. D　35. B　36. C
37. D　38. C　39. B　40. D　41. A　42. D　43. C　44. B　45. A
46. A　47. C　48. A　49. B　50. D　51. D　52. D　53. C　54. D
55. A　56. B　57. C　58. C　59. B　60. C　61. C　62. A　63. D
64. B　65. B　66. D　67. A　68. D　69. A　70. D　71. C　72. A
73. D　74. B　75. B　76. C　77. C　78. B　79. A　80. A　81. B
82. B　83. A　84. B　85. D　86. A　87. B　88. C　89. A　90. C
91. D　92. B

习题 5　人工智能基础参考答案

单项选择题

1．A	2．C	3．B	4．D	5．D	6．B	7．C	8．A	9．A
10．B	11．C	12．C	13．D	14．B	15．A	16．B	17．D	18．A
19．C	20．D	21．A	22．B	23．D	24．C	25．A	26．D	27．A
28．A	29．B	30．D	31．B	32．B	33．D	34．D	35．A	36．C
37．B	38．D	39．B	40．C	41．B	42．D	43．D	44．A	45．D

[1] 教育部考试中心 . 全国计算机等级考试一级教程——计算机基础及 MS Office 应用 [M]. 2022 版 . 北京：高等教育出版社，2022.

[2] 周晓庆，王朝斌，杨韬 . 大学计算机基础实验指导与习题集 [M]. 3 版 . 北京：高等教育出版社，2022.

[3] 张倩 . Word/Excel/PPT 2016 商务办公从入门到精通 [M]. 北京：清华大学出版社，2022.

[4] 嵩天，礼欣，黄天羽 . Python 语言程序设计基础 [M]. 2 版 . 北京：高等教育出版社，2017.

[5] 劳眷，姚怡 . 大学计算机实验指导与习题集 [M]. 4 版 . 北京：中国铁道出版社，2022.

[6] 何钦铭 . 大学计算机：问题求解基础 [M]. 北京：高等教育出版社，2022.

[7] 郭骏，陈优广 . 大学人工智能基础 [M]. 上海：华东师范大学出版社，2021.

[8] 龚沛曾，杨志强 . Python 程序设计及应用 [M]. 北京：高等教育出版社，2021.